U0170735

中国科学院科学出版基金资助出版

民用飞机运营支持系列丛书

民用飞机运行支持构型管理与数据交换

冯蕴雯　马小骏　张雅杰　邢向红　**编著**

科学出版社
北京

内 容 简 介

构型管理问题起源于对一种基本产品有多种改型的项目,数据交换是实现民用飞机构型管理的重要环节。本书在民机科研项目的支持下,结合作者多年理论研究和工作实践,系统介绍民机构型管理工作内容。全书共八章,第一章对民用飞机运行支持构型管理与数据共享交换研究现状及发展趋势进行了介绍;第二章论述了民用飞机运行支持构型管理工作要点;第三章系统介绍了S系列规范及相关数据交换规范;第四章说明了工程到运行支持的数据转换;第五章论述了维修工程分析数据到技术出版物的数据交换;第六章明确了维修工程分析与出版物到航材的数据交换功能;第七章研究了客户数据反馈的数据交换;第八章开展了民用飞机运行支持构型管理与数据交换集成应用系统搭建研究。

本书面向航空领域构型管理的科技工作者,同时适用于高等院校航空技术、运行支持及相关专业的师生和研究人员阅读和参考。

图书在版编目(CIP)数据

民用飞机运行支持构型管理与数据交换 / 冯蕴雯等编著. —北京: 科学出版社, 2022.7
(民用飞机运营支持系列丛书)
ISBN 978-7-03-072641-4

Ⅰ. ①民… Ⅱ. ①冯… Ⅲ. ①民用飞机—运行—研究 Ⅳ. ①V323.1

中国版本图书馆 CIP 数据核字(2022)第110320号

责任编辑: 胡文治 / 责任校对: 谭宏宇
责任印制: 黄晓鸣 / 封面设计: 殷 靓

科学出版社 出版
北京东黄城根北街16号
邮政编码: 100717
http://www.sciencep.com

南京展望文化发展有限公司排版
广东虎彩云印刷有限公司印刷
科学出版社发行 各地新华书店经销

*

2022年7月第 一 版 开本: B5(720×1000)
2022年7月第一次印刷 印张: 13 1/4
字数: 256 000

定价: 140.00 元

(如有印装质量问题,我社负责调换)

民用飞机运营支持丛书

《民用飞机运行支持构型管理与数据交换》

编写人员

主　编　冯蕴雯　马小骏　张雅杰　邢向红

编写组　彭焕春　贾红雨　张文燕　路　成
朱亚东　马　楠　陈俊宇　薛小锋
刘小鹏　黎　洪　韩万弘　史红卫
陈　斐　刘　剑　宋祉岑　夏　俊
潘维煌　腾　达　刘佳奇　杜倩宜

从书总序1

PREFACE 1

民用飞机产业是典型的知识密集、技术密集、资本密集的高技术、高附加值、高风险的战略性产业，民用飞机运营支持是民用飞机产业链上的重要环节。2010 年，我国工业和信息化部首次在“十二五”民用飞机专项科研领域设立“运营支持专业组”，并列入国家五年规划，将民用飞机运营支持与飞机、发动机等并列为独立专业，进行规划研究。2014 年，中国民用航空局飞行标准司发布《国产航空器的运行评审》（AC－91－10R1）和《航空器制造厂家运行支持体系建设规范》（MD－FS－AEG006），对主制造商航空器评审和运营支持体系建设提出了明确的要求和指导意见，为民用飞机运营支持专业的建设和发展指明了方向。

经过数十年的发展历程，我国航空工业对市场、客户、成本的概念并不陌生，但由于缺乏固定持续的项目投入，我国在按照国际标准自主研制民用飞机方面，没有走完一个完整的研制生产和商业化运营的过程，运营支持的理论和实践都比较薄弱。随着我国自主研制的大飞机项目的推进，对标国际一流标准，面对市场化和客户化需求，运营支持专业建设的重要性愈加凸显。

民用飞机运营支持工作是民用飞机制造业与民航运输业的纽带和桥梁，既要理解和满足客户运营要求，又要满足适航和运行标准，确保客户顺畅安全运营，保障我国民用飞机产品取得技术成功、市场成功和商业成功。运营支持专业具有一定的特殊性：一是服务时间长，随着产品复杂性的提高和市场竞争的激烈化，运营支持已经贯穿于飞机研制、制造、试验试飞、交付运营的全过程；二是技术要求高，服务内容涉及设计、制造、仿真、培训、维修、物流、信息技术及适航管控等多个领域，是一项高技术综合集成、多领域高效协作的复杂系统工程；三是服务范围广，民用飞机在使用过程中必须按照全球化运营要求，对培训、维修、备件服务、运行支援等服务链进行细分和布局，才能满足不同国家和地区，以及不同用户的各种需求；四是带动效益高，运营支持作为一个增值环节，是民用飞机产业化后的重要利润来源，同时推动飞行品质的持续改进，推动每一款新型飞机赢得忠实客户并实现市场化运作。

中国商用飞机有限责任公司作为国家大型客机项目的运作实体，已经对标国际先进理念，构建了以研发、生产、客服三大平台为主体的公司架构，中国商飞上海飞机客户服务有限公司作为运营支持的主体，建立了对标国际一流的运营支持体系，填补了国内运营支持领域的空白，在该专业领域开展了许多卓有成效的工作。西安飞机工业(集团)有限责任公司作为按照中国民用航空规章第121部运行规范管理的公共航空运输企业中运行的航空器制造商，目前也建立了自己的客户服务体系。运营支持工作不仅仅是飞机主制造商战略层面的需求，更是民用飞机产业发展的必经之路。

“民用飞机运营支持丛书”作为科学出版社重点图书出版，是我国民用飞机研制过程中的重要内容。丛书既包括领域内先进的理论方法和技术，也包括“十二五”以来民用飞机运营支持领域第一线的研究成果和工作经验。本丛书的出版将完善民用飞机专业技术体系，为我国民用飞机研制和产业发展提供有力的技术保障。丛书亦可供航空院校的学生及与从事航空工作的相关专业人士参考。

在此，对在民用飞机运营支持领域默默耕耘的行业开拓者表示敬意，对为此丛书的出版贡献智慧和力量的国内外航空领域专业人士表示谢意！

张彦仲

国务院大型飞机重大专项专家咨询委员会主任委员

中国商飞公司大型客机项目专家咨询组组长

中国工程院院士

二〇一七年三月

丛书总序2

PREFACE 2

民用飞机运营支持专业是一个综合了飞机设计、制造、可靠性与维修性工程、安全工程、适航技术与管理、工业工程、物流工程、信息技术以及系统工程等专业逐渐发展形成的新兴领域，是实现民用飞机制造商产品价值增值、持续发展的关键，也是实现民用飞机运营商安全运营、持续有效创造利润的核心要素。加强民用飞机运营支持体系建设可以提高主制造商的服务水平和保障能力，增强对上下游供应链的控制能力，从而打造主制造商的品牌价值。国外一流的民用飞机主制造商早已意识到运营支持是自身品牌抢占市场份额的竞争要素，运营支持的理念、模式、内容和技术不断更新，以为客户提供快速、可靠、低成本、网络化和信息化的服务为目标，建设完备先进的运营支持网络和设施。

2010 年，我国工业和信息化部首次在“十二五”民用飞机专项科研领域设立“运营支持专业组”，并列入国家五年规划。经过“十二五”的预研攻关，我国民用飞机运营支持在多个前沿技术领域取得重要突破，并应用到国产支线飞机、干线飞机、直升机和通用飞机的型号研制工作中。

在总结民用飞机运营支持专业“十二五”工作成果和国产民用飞机投入市场运行的实践经验的同时，技术的进步和市场竞争的日益激烈，使得民用飞机运营支持专业领域涵盖的范围不断扩展，全方位、客户化的运营支持价值日益凸显。全新的客户理念推动运营支持专业迅速发展，工作内容涉及了客户培训、技术服务、备件支援、技术出版物和维修工程等多个领域，其范围也已延伸到飞机的研制前期，贯穿于飞机方案论证、产品设计、生产、试验试飞、交付运营的全生命过程。

丛书涵盖了培训工程、维修工程与技术、运行安全工程与技术、工程数据应用等专业，涉及我国国产民用飞机、直升机和通用飞机运营支持的诸多关键技术。丛书的专家委员、编审委员、编写人员由国内民用飞机运营支持领域的知名专家组成，包括我国民用飞机型号总设计师、高校教授、民航局专业人士等。丛书统一部署和规划，既从较高的理论高度关注基础前沿科学问题，又密切结合民用飞机运营支持领域发展的前沿成果，注重相关专业领域的应用技术内容。

丛书作为科学出版社“十三五”重点图书出版，体现了国家对民用飞机运营支持体系建设的高度重视，也体现了该领域迎来了前所未有的发展机遇。该套丛书的出版既可以为从事该领域研究、生产、应用和教学的诸行业专业人员提供系统的参考，又是对该领域发展极好的回顾和总结。作为国内全面阐述民用飞机运营支持体系的首套丛书，对促进中国民用飞机产业实现后发优势，填补专业领域空白，推动我国航空服务业发展，早日跻身航空大国有着重要的意义。

在此，我谨代表“民用飞机运营支持丛书”专家委员会，向耕耘在运营支持领域的广大工作者们致以敬意。同时，也愿每一位读者从中受益！

吴光辉

中国商用飞机有限责任公司副总经理
C919 大型客机项目总设计师、副总指挥
中国工程院院士
二〇一七年十二月

前　言

FOREWORD

构型管理问题源于对一种基本产品有多种改型的项目，数据交换是实现产品构型管理的重要环节。对于民用飞机而言，保证运行支持产品与构型的一致性是运行支持构型管理的核心工作，也是运行支持产品在航空公司工作中可用、好用的根本前提。此外，数据交换是保障民用飞机运行支持构型管理各项工作顺利开展的重要前提。因此，民用飞机运行支持构型管理和数据交换对于保证运行支持产品构型高符合率，以及运行支持各项工作有序、高效开展具有重要意义。

全书共八章。第一章对民用飞机运行支持构型管理与数据共享交换研究现状及发展趋势进行了介绍，包括民用飞机运行支持构型管理和数据管理两方面的研究现状；第二章论述了民用飞机运行支持构型管理工作要点，主要从民用飞机工程构型与运行支持构型关系、构型识别、构型控制、构型纪实、构型审核等方面进行了研究；第三章系统介绍了 S 系列规范及相关数据交换规范，包括 S 系列规范、S 系列数据交换规范和基于 S 系列规范的民用飞机运行支持业务数据共享交换需求；第四章说明了工程到运行支持的数据转换，分别从数据交换应用场景、数据交换范围、数据交换元素和数据交换模式方面进行了探究；第五章论述了维修工程分析数据到技术出版物的数据交换，针对维修工程分析到技术出版物的数据交换应用场景、S3000L 到 S1000D 的交换范围、交换规则及交换模式进行了论述；第六章和第七章明确了维修工程分析与出版物到航材的数据交换功能以及客户数据反馈的数据交换，同样从数据交换应用场景、数据交换范围、数据交换元素、数据交换规则/流程进行了说明；第八章开展了民用飞机运行支持构型管理与数据交换集成应用系统搭建研究，包括数据交换与集成应用系统的目标与应用模式、系统总体功能架构、系统技术路线、数据交换的流程与功能实现，以及数据交换微服务的发布和监控管理。

尽管作者慎之又慎，但是受经验能力等多方面限制，书中难免有不妥之处，望广大读者批评指正。

作　者

二〇二一年九月

目 录

CONTENTS

第一章　民用飞机运行支持构型管理与数据共享交换研究现状及发展趋势

1.1　民用飞机运行支持构型管理研究现状及发展趋势

1.1.1　构型管理的内涵和对象

构型管理问题起源于对一种基本产品有多种改型的项目。对这种项目的采购，用户通常一改过去“单型号大批量”的采购传统，而转变为“多型号交替”的采购方式，这种模式对主制造商影响非同小可，它需要制造商把传统的批量化的稳定生产机制转换为既能快速应变又保障产品生产线唯一、同步运作的制造体系和机制。这在具有大量供应商和实施并行工程作业的现代制造业的工业化流程中，问题显得更为突出和紧迫。其实，这个问题在制造业很普遍，并非航空制造业独有。例如在汽车行业，由于面对更大的客户群，如何适应客户多样化的不同构型状态的组合需要，已成为汽车生产企业不得不解决的问题。而对航空制造业而言，除军用飞机的一机多型外，民用飞机的客户化选型和实施以及基于同一基本型的系列化发展策略面临着类似的挑战[1-3]。这种挑战的实质是：在必须有许多客户选择项的环境下，保障批量生产流程中的产品“个性化”，或者说是在批量生产下实现个性化生产。它需要一种新的管理理念和工具，它以选定的产品构型状态为目标，通过管理手段，保障在整个制造体系的活动中，使这个目标得以同步、唯一和正确地实现，这就是构型管理最初的内涵。经过多年的实践和调整之后，构型管理已经成为项目系统工程和技术管理的手段之一，不仅由于其符合商品生产应对市场需求的规律，同时也因为构型管理已经扩展为制造业产品研制生产流程控制的有效工具。

从源头上说，对构型管理内涵最直观的认识，就是它必须有“型号构型状态识别"的功能。构型管理的第一功能在于要能按照各型产品的功能和产品定义,合理识别和选择出既定目标的构型状态。这种管理内涵就是从许多基础技术元素中,合理选择和构成所需要的构型状态的功能。构型状态或构型的保持并不是静止的过程,因为构成构型状态的基础元素最初只是工程技术文件和几何模型的虚拟定义,它并不是已存在的物理产品,还需要由一个虚拟定义向物理化产品的转换过程,而这是一个漫长的、受许多主客观因素干预的、使它难以避免出现与最初虚拟状态偏离甚至是变化的过程,而要达到保障与最初设定的构型状态的符合性,就要能跟踪这些偏离或变化,更重要的是还必须评估这些偏离和变化对构型状态的影响,并根据评估结果修正构型状态的描述,即对偏离变化的跟踪、评估和修正。从管理的理念上讲,构型管理则在程序和深度方面摆脱了传统管理的"纯技术"倾向,更揭示偏差管理的综合性、严谨性。实际上,相当多的偏离或变化对构型状态的影响并非直接技术原因,而是由它们对产品成本、进度甚至是产品体系构建等非技术因素的影响而间接地表露出来。构型管理追踪记录功能的关键是包含了传统的更改管理的要素,但是比传统的偏差管理更主动、更强化、更综合,这无疑会提高项目管理的连续性、预见性、有效性和经济性。在实践中,构型管理在实施中可以有很大的伸缩性,狭义的构型管理可以只是某个部门技术层面的管理流程,而广义的构型管理则可能贯穿多个部门,对技术、成本、进度、质量、适航等制约因素实施综合权衡的项目管理决策流程。

1.1.2 构型管理的要素

构型管理的目的和对象清楚以后,接下来探讨管理的基础和要素。第一个要素是构型识别,这种功能的基础在于产品构型状态与产品定义的对应关系的建立,这无疑是工程设计的业务。实际上,除了对结构和系统基本元素的设计外,建立构型的定义和构建相应的构型状态就是工程设计的基本内容,而在完成若干不同的产品构型和相应的构型状态的定义工作后,工程设计的基本任务随即相对冻结[4]。在此基础上,设计一套按用户需要的、可以识别和选择所需要的构型定义并提取相应构型状态的程序和流程,就是构型管理的目标。第二个要素为构型控制,也就是对构型状态随时间推移产生的偏离和变化的管理问题,其核心是识别有影响的偏离并制订相应的应对程序,也就是构型控制程序。构型管理重在对偏离的选择和应对的决策流程,包括做出对偏离接受与否的决策,并依次决策更新构型状态的组成。这可能会是一个加入某些非技术因素如经济性干预的流程。构型管理要素是对管理对象的识别、判断和应对的决策程序而不是针对对象本身的技术处理流程。

这里需要讨论一下构型管理和数据管理与数据交换的相互关系。对数字化工程而言,由于产品的构型状态是由数据包表示的,而数据包又是由更小的数据模块按一定规则集成的,因此可以说,构型管理就是对描述产品构型状态的数据包的管理,或者说是对生成产品数据包内的数据模块和其集成规则的动态变化的唯一性、有效性、适用性和使用性的管理[5]。单从对产品数据的依存关系看,构型管理与数据管理似乎难以区分,但实际上,两者在管理目的上有明显的不同。数据管理是对源数据的管理,目标是要建立和维护一个保障数据的唯一性、完整性、实时性、有效性和可追溯性等要求的公共数据源。一般来说,数据库(源)的建设,包括数据储存范围、储存构架和进出程序等规则的制订和数据源日常的维护,首先是要体现虚拟产品的特征,并要从为多种需求服务出发来考虑数据存放的合理、简练和易于维护,它并不一定能完全符合构型管理的最佳排列。而构型管理则是对源数据使用的管理,它是在数据储存的基础上建立一种选择程序,保障有效的指令能从数据源中的多种产品定义的内涵中选出所要求的构型状态。从管理层次上讲,数据管理是更为基础的运作,构型管理则是使用层面的运作。数据管理一定是一种技术层面的管理,而构型管理则可能会成为多种要素的项目层面的管理。数据管理构造数据,而包括构型管理在内的数据使用行为好似是产品源数据的功能开发者。其实,产品源数据的多种使用开发,会演变出许多前所未见的技术成果,这是数字化技术的基本特色和优势之一。总之,数据管理是基础,它必须支持构型管理的需求,而构型管理是应用,它不应对数据源运作负责,两者相互关联但各有侧重,需要合理的分工以保持各自职责的有效运转。

1.1.3 构型管理的实施

历史经验表明,尽早发现问题和调整目标,是以最小代价实现正确的构型状态的必然途径。为此,有必要把漫长的产品研制过程划分为若干阶段,分阶段实施对构型状态的评价。实际上,分阶段对技术工作或项目进展评价的做法已经是主制造商习惯用的基本的项目管理手段了,构型管理也是在整个研制周期内,设置若干点,把相对分散的技术数据集成为虚拟产品的构型状态,并对其与最终产品的构型状态,甚至是和相应的功能的要求进行对比、评价,实现产品构型状态的过程控制[6]。大家熟悉的构型基线设置的基本概念和目的也在于此。所谓功能基线,实际是产品概念设计的目标,就是要把产品的基本功能和其相对应的构型状态定义下来,或者说是把构型状态置于目标功能的框架内来描述。而分配基线则是进一步把实现功能的构型状态分解为直到最小技术单元体的切分和集成的描述,至于产品基线则是最终成果化的产品的构型状态的描述,它不一定与功能基线中构型状态的描述完全一致,除了更加细节化外,产品生成过程中不可避免出现改进、制造偏差等变化,保留这些变化的前提是它们不会对预定的功能有所影响。

构型管理的特点在于,它把重点放到构型状态细节的符合性评价中,而不仅限于传统的对产品宏观进展和质量的审视。这种管理在很大程度上是一种跟踪和记录的过程,然而它也必须起到警示和推动对各个阶段形成的产品的构型状态进行阶段性评估和调整的作用,以保证下一步研发工作的方向和细节的正确与协调,逐步逼近最终构型状态和功能要求,从而提高项目管理的预见性和有效性。这种在产品生成过程中对技术细节与最终目标对标的不断干预，是构型管理的初衷和特色，如果没有这种理念和功能，构型管理就失去了它存在的意义而最终仅仅变为一个技术版本的编辑工具。

需要特别强调的是，我们经历的一些产品在研制过程中各个系统软件版本功能不协调，以及在最后阶段因技术问题带来的与最初功能符合的困难启示我们，应该把对构型管理的理解和实施落实到阶段性构型状态的功能评估中。构型状态控制的最终目标还是产品功能的完美实现，因此构型管理也应该是对构型状态和功能的一致性管理。目前的项目管理，尽管非常强调实际产品构型状态与设定的工程构型状态的符合性，但缺乏在产品研制阶段对构型状态与产品功能符合性的评价，结果就出现构型状态静态地符合，而动态即运作功能却只是有限地符合甚至出现差异，这种结果导致许多资源因超前或滞后使用而产生浪费。为此，有必要考虑在现行的以构型状态符合性为核心的质量管理基础上，建立产品“功能评估”的管理手段，特别是对装机系统研制生产过程的控制，除了构型状态外，要增加功能评审和协调的内容，以保证产品技术基础的协调和坚实。

总之，对构型管理而言，除了建立构型管理要素的相关规则和手段外，还要识别和设立合适的管理干预点，保障同步、唯一、实时、有效地实现阶段性的产品构型状态生成，并适时地、合理地进行相应功能的评估，这也是其对产品研制工作最主要的贡献。

1.1.4 运行支持的构型管理

飞机运行支持产品种类繁多，除飞行全动模拟机由于其产品结构复杂，可以考虑通过构型管理的方法进行产品研制的过程控制外（属于创新性尝试，暂未经过实践评估），其余运行支持产品只需通过一定的符合性控制，保障运行支持产品状态与飞机构型一致即可[7]。但是在某型飞机首次交付给客户前，在试飞排故、客户监造、运行支持体系质量检查、培训设备鉴定、T5 测试的过程中均发现运行支持产品，包括飞机图解零件目录（aircraft illustrated parts catalogue，AIPC）、系统原理手册（system schematics manual，SSM）、飞机线路图册（aircraft wiring manual，AWM）、飞机维修手册（aircraft maintenance manual，AMM）在内的各类手册，全动模拟机、客舱训练器在内的各类培训设备，以及各类航材清单与飞机构型不一致的情况。以上构型的不一致性，将直接或间接引发客户的不满，并导致局方对主制造商构型管控能力产生怀疑。因此，主制造商运行支持工程亟须结合实践经验，形成一套系统的、完整的、有效的构型符合性管理方法，来开展对运行支持产品的构型管理工作。

1.1.4.1 运行支持产品构型管理

保证运行支持产品与飞机构型的一致性是运行支持构型管理的核心工作，也是运行支持产品在航空公司工作中可用、好用的根本前提。实际工作中发现，建立一套行之有效的运行支持产品符合性管理方法和与之相匹配的软/硬件系统工具，是保证运行支持产品构型高符合率的重要前提，也是保障运行支持各项工作有序、高效开展的前提。本管理方法的核心内容是在充分分析各类运行支持产品与飞机构型的关联性后，开展以下两部分工作：通过跟踪每一项飞机构型更改，开展更改落实管控工作；通过全面的构型比对，开展阶段性构型符合性审核工作。

1.1.4.2 构型符合性管理方法

民机型号合格审定程序要求型号申请人通过系统性规划和实施型号研制过程，向局方提出正确、完整和可追溯的适航符合性证据，用“设计保证”确保产品符合适航规章要求[8]。常见的构型符合性管理方法如下。

1）受控运行支持产品分析

从繁多的运行支持产品中梳理出与飞机构型有关联的运行支持产品，明确受控对象，对受控对象开展控制要素、构型基准、构型文件清单、有效版本、受控途径、落实载体、构型控制要求等方面的分析。

2）飞机构型的确定

由于运行支持产品直接应用于飞机的维修、飞行、运行中，因此必须保证其与飞机实时构型状态一致，而飞机实时构型状态则应该由飞机的设计构型、制造偏离、在役飞机更改等来确定，故需开展与此三类构型状态对应的指令性文件的梳理和管控工作，即设计构型对应的图纸/工程指令（engineering order，EO）、制造偏离对应的故障和拒收报告（failure and rejection report，FRR）/代料单、在役飞机更改对应的服务通告（service bulletin，SB），确保设计构型和制造偏离所确定的构型状态的准确性和唯一性，这是确定飞机实时构型状态的基础，也是跟踪构型更改落实的前提。做好对运行支持产品源数据的管理。首先，对源数据类型（技术文件、装配安装图纸、零件图、原理图、线路图等）、源数据标识（图纸、文件编号）、源数据更改载体（EO、FRR、代料单、SB 等）进行有效的梳理、管控；其次，需明确以上源数据的来源（提供方）、存储位置和输入输出关系。

3）运行支持产品构型更改管控

运行支持产品构型更改管控是多级管控的综合结果，应制订客服各级、各专业的更改控制流程与更改落实程序，明确各级、各专业管理要求，包括更改落实活动中的职责分工、更改对象、工具途径、方式方法以及标准法规等。

4）运行支持产品构型审核管理

通过制订运行支持产品构型审核规定，明确需构型符合性审核的运行支持产品、符合性审核的方法、审核流程和整改措施，定期在一些项目里程碑节点［如单架机交付、型号合格证（type certificate，TC）构型的更新等］开展符合性审核比对工作，确保交付客户时运行支持产品的构型符合性。

为了保证比对审核工作能够全面、高效、准确地开展，可利用专业办公软件（Excel、SPSS）或进行计算机编程（VBA、C++）实现数据自动比对，尽可能地避免人为因素造成的比对错误。

1.1.5 飞机项目构型管理中的运行支持要素

运行支持作为飞机项目四大工程之一(其余为设计工程、制造工程、试飞工程),是飞机全生命周期中的一个重要支柱。运行支持全面参与飞机研制过程,可有效提高维修便利性、保障飞行操作合理可靠、降低维修成本/运营成本,进而提高飞机的市场竞争力,为民用飞机取得市场成功奠定基础。以运行支持身份参与飞机项目构型管理活动是参与研制过程的有效手段。目前,主要通过两方面开展工作:一是在设计优化更改中全面评估对客服业务的影响,保障设计更改有益于运行支持或更改妥协中最低程度损伤运行支持;二是在工程分析或实际运营过程中发现有必要改善提高维修性、飞行操作性等方面的需求时主动发起设计更改,经设计方同意后,由设计方提出可行的更改方案并在飞机上贯彻。

1.1.5.1 评估设计更改方案

对于涉及运行支持产品的工程更改,航材部、维修工程部、快响中心及飞训部需要评估更改方案的内容是否完整,明确客服的航材备件及航材订单情况、涉及的航材成本、在役飞机老构型航材支援,对客户造成的成本影响,是否更改地面支援相关设备,对模拟机的硬件设备影响、软件逻辑影响,在役飞机的贯彻方式等。

1.1.5.2 设计更改的申请

运行支持发起的设计更改申请,需阐明更改发起的原因、更改后解决的问题或带来的好处、建议的初步优化方案(如有波音、空客等成熟机型类似的方案应一并提出)、对适航安全的影响等信息,设计更改申请草案完成后,必须遵循一套完整的审批、认可流程,经设计方同意后再开展正式的工程更改活动。

1.2 民用飞机运行支持数据管理研究现状及发展趋势

1.2.1 产品全生命周期支援及数据交换

1.2.1.1 STEP 标准

产品模型数据交换规范(standard for the exchange of product model data,STEP)标准是国际标准化组织制订的描述整个产品生命周期内产品信息的标准,STEP 标准是一个正在完善中的“产品数据模型交换标准”[9,10]。它是由国际标准化组织(International Organization for Standardization,ISO)工业自动化与集成技术委员会(TC184)下属的第四分委会(SC4)制订,ISO 正式代号为 ISO - 10303。它提供了一种不依赖具体系统的中性机制,旨在实现产品数据的交换和共享。这种描述的性质使得它不仅适合于交换文件,也适合于作为执行和分享产品数据库和存档的基础。西方发达国家已经把 STEP 标准推向了工业应用。STEP 标准的应用显著降低了产品生命周期内的信息交换成本，提高了产品研发效率，成为制造业进行国际合作、参与国际竞争的重要基础标准，是保持企业竞争力的重要工具。

EXPRESS 语言是 STEP 标准开发的面向对象的信息模型描述语言（ISO 10303－11）。EXPRESS 本身不是一种实现语言，STEP 标准规定了若干通过映射关系来实现 EXPRESS 的语言，主要如下。

（1）STEP p21 文件（ISO 10303－21）：p21 文件采用自由格式的物理结构，基于 ASCII 编码，不依赖于列的信息（IGES 有列的概念），且无二义性，便于软件处理。p21 文件格式是信息交换与共享的基础之一。其常用扩展名有 stp、step、p21，因此常常被称作 STEP 文件或者 p21 文件。

（2）SDAI 接口－Standard Data Access Interface（ISO 10303－22）：是 STEP 中规定的标准数据存取接口，提供访问和操作 STEP 模型数据的操作集，为应用程序开发人员提供统一的 EXPRESS 实体实例的编程接口需求规范。可用于更高层的数据库实现和知识库实现。

（3）Part 25 提供了一种映射，将 EXPRESS 映射至统一建模语言（unified modeling language，UML）的物理元模型，使得对象管理组织（object management organization，OMG）的元数据交换（extensible metadata interchange，XMI）可用。

（4）STEP data in XMI（ISO 10303－28）：提供 STEP 文件到可扩展标记语言（extensible markup language，XML）的映射，XML 是为 Internet 上传输信息而设计的一种中性的数据交换语言，是 Internet/Intranet 间存储和提取产品数据的主要语言工具。

1.2.1.2　产品生命周期支持模型

根据 ISO－10303－AP239 的定义，产品生命周期的核心应用协议提供了集成、交换和管理技术数据的架构，这些技术数据是保持复杂的、变化的产品所需要的。产品生命周期核心在产品生命周期支持（product life cycle support，PLCS）的一系列 ISO 规范中是首要的，提供了产品生命周期数据的集成和交换能力。产品生命周期支持提供了支持的序列化产品的全面的构型定义，也可以用来识别、集成、指导、审核和控制实现产品生命周期支持所需的大量信息的有效性[11-13]。

PLCS 模型的范围包括如下。

1）定义一个复杂产品及其支持的解决方案的信息

2）维护一个复杂产品所需的信息

3）产品及其支持的解决方案生命配置改变管理所需的信息

4）产品装配体，包括：零件、版本号、定义、文档和管理信息的识别和表示，如日期和零件的审批；多产品结构视角和产品拆分的表示；由部件形状表示组件形状的表示方法；组件内，与其他零部件相连的零件的位置的识别；零件或装配体的重要属性的联合

5）产品间接口的表示

（1）零件、文档和组件的分类；

(2) 生命周期中产品的表示,包括:

➢ 产品要求及其满足要求情况的表示;

➢ 已有的或潜在的产品的表示;

➢ 对于给定功能,产品构型的识别。

6) 产品构型约束的有效性规范

7) 产品的预期及观察到的状态的表示

8) 产品的规范和规划的活动

(1) 产品完成的功能的说明;

(2) 完成功能所需的条件的表示,包括所需的资源和资源与产品的位置;

(3) 完成任务所需要人员和技能的表示;

(4) 任务的规划和调度及后续工作的管理和授权的表示;

(5) 产品活动历时的表示,包括:

➢ 产品使用和资源使用记录;

➢ 产品活动和资源使用记录。

9) 产品历史表示,包括:产品状态的历时记录;产品构型状态的历史记录;产品数据的位置;产品数据的观察

10) 业务视图

关键概念是为保证产品和支持信息,一个单一的数据来源被生成,用于跨企业。这些信息会在许多不同的 IT 系统中生成。业务视图非常重要,是因为它在典型的实践中会明显改善质量和效率。目前,一些点对点的交换能力已经建立,虽然有限,但已经提高了效率。统一的信息模型所需的信息通常存在于许多不同的 IT 系统,通过对不同业务功能在不同的生命周期阶段,供许多组织使用。特别困难通常是在制造商(original equipment manufacturer,OEM)和最终用户之间的差距,没有人有适当的访问权限访问其他人员创造信息。

11) 行为模型

过程和信息流动在 PLCS 中的范围。

12) 信息模型

用"EXPRESS"(STEP 标准建模语言)语言书写,也可书写为"XML Schema",它提供了一个全面的、通用的、可扩展的数据模型,在其中:标识关键"Entity(实体)"、属性和关系是 PLCS 视图需要的。

1.2.1.3　PLCS 模型 AP 239

ISO 10303－239 PLCS 目的是"提供产品生命周期支持"。行为模型定义了四个主要行为:管理产品支持信息(manage information to support a product)、生成支持解决方案(generate support solutions)、委任支持系统(commission support system)和提供支持(provide support)。

ISO 10303－239 标准规定信息模型是用 EXPRESS 信息建模语言表示的。为了使信息模型更适合基于 UML 的软件工具和基于 XML 的数据以实现编程，使用一个特定平台的模型（platform-specific models，PSM）继承自 ISO 10303－239 EXPRESS 信息模型。这被称为 PLCS PSM。它用 SysML 语言表达，专为实现基于 XML 语言的数据交换而设计，因为 XML 文件模式已经是信息交换手段的标准和方向。图 1.1 为 PLCS 实现数据交换流程，图 1.2 为 PLCS 数据交换类型，图 1.3 为 PLSC 全模型示意图。图 1.2 中，维护 Mgmt 数据为维护管理数据，LSAR 为后勤支援分析记录，FMECA 为故障模式、影响及危害性分析，CAD 为计算机辅助设计，IETM 为交互式电子手册。

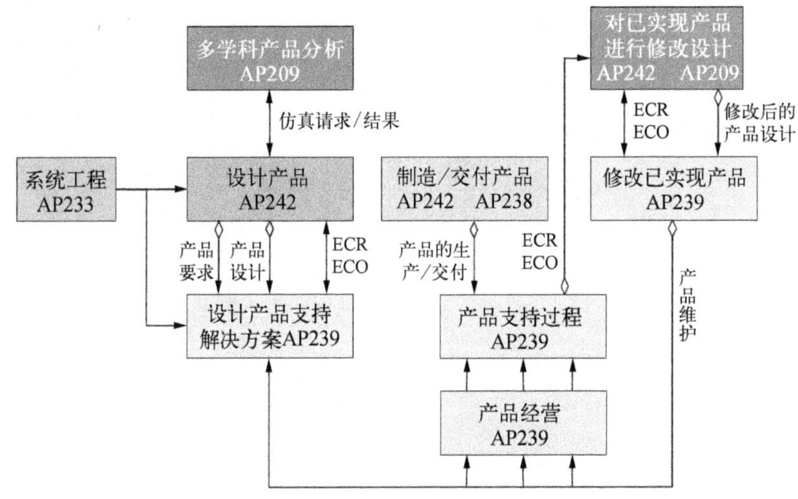

图 1.1　PLCS 实现数据交换

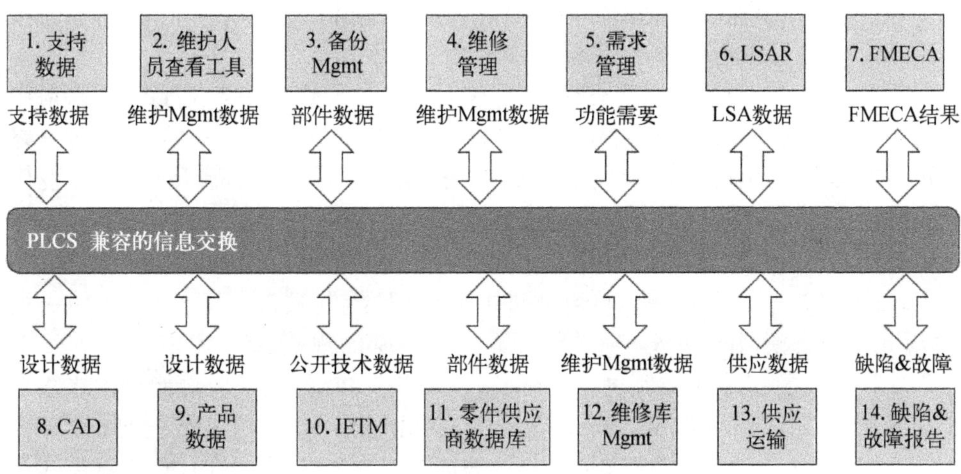

图 1.2　PLCS 实现数据交换

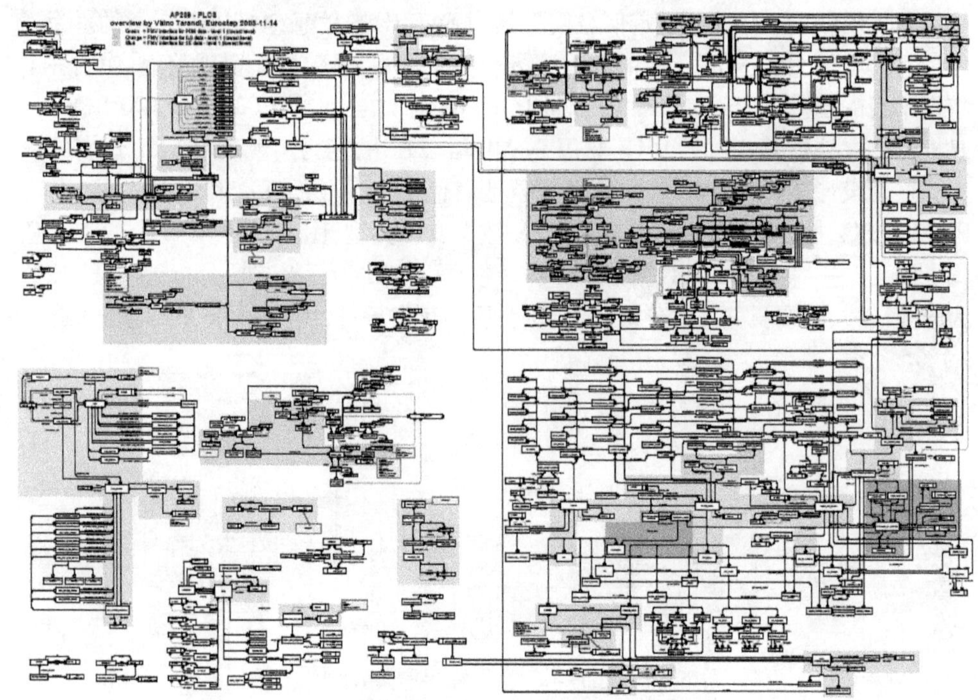

图 1.3　PLCS 全模型示意图

1.2.1.4　数据交换模型

数据交换规范(data exchange specifications,DEX)是 ISO 10303 - 239 PLCS 信息模型的一个子集,设计用来支持特定活动的数据交换,提供指导和规则,如何使用和组合选定的实体与外部参考数据在特定的数据交换中。每个 DEX 对应一个完整的 EXPRESS schema。

模板(templates)代表一个业务对象,模板使用的 SysML 语言进行定义,映射到 PLCS PSM 模型,PLCS PSM 被翻译为 PLCS PSM XSD 文件中的一部分,通过最终生成 XML 文件,具体如图 1.4 所示。图 1.4 中,ASD 为欧洲航空航天与防务工业协会,BOM 为物料清单,PLCS 为产品生命周期支持。

OASIS PLCS TC 发布基于 PLCS 协议的 EXPRESS 信息模型的 DEXLib 库,同时是一个 DEX 的开发环境。可以通过 DEXLib 环境开发自已基于 PLCS 协议的 EXPRESS 信息模型的 DEX。一个模板是一种精确的规范,ISO 10303 - 239 PLCS 中的实体(和属性)应该被实例化,并同时使用参考数据,在一个功能点内来表示一个概念并提供记录功能。一个模板由 OASIS PLCS TC 定义或管理,被称为"PLCS 模板"。PLCSLib 是 OASIS PLCS TC 发布的 PLCS 的 PSM 模型库和基于 PSM 模型开发和发布自身语境的环境。

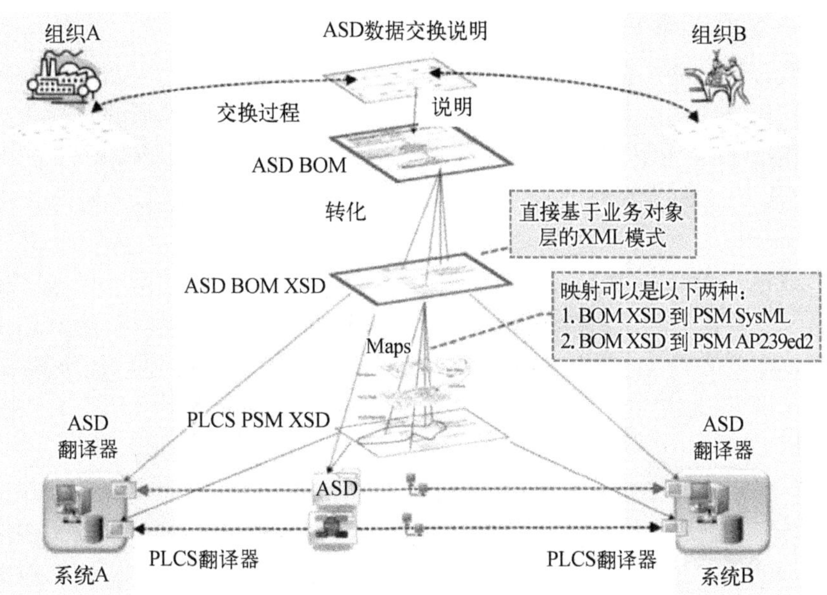

图 1.4　DEX 模型流程

1.2.2　ASD 系列规范及数据交换

1.2.2.1　组织介绍

欧洲航空航天与防务工业协会(Aerospace and Defence Industries Association of Europe,ASD)的整体使命是增强欧洲航空、航天和国防建设的竞争力[14]。目前 ASD 组织代表 2 000 多家企业和超过 600 000 名雇员。ASD 组织的发展历史简介如下：

(1) 1950 年,国际航空材料制造商协会(Association Internationale des Constructeurs de Materiel Aerospatial,AICMA)成立,它最初是一个致力于社会和信息联系的论坛;

(2) 1973 年,随着欧洲在技术问题上日益增强的合作意识和跨国合作,AICMA 组织更名为欧洲航空工业协会(European Association of Aerospace Industries,AECMA);

(3) 1976 年,欧洲国防工业集团(European Defence Industries Group,EDIG)组织成立,主要服务于国家军备主任(National Armaments Director,NAD);

(4) 1991 年,AECMA 组织总部由巴黎迁往布鲁塞尔;

(5) 2004 年,AECMA、EDIG 和 EUROSPACE 这三个组织合并为 ASD 组织。

1.2.2.2　ASD 系列规范

在过去 20 多年间,国际航空和国防界在综合后勤保障(integrated logistic

support,ILS)领域的规范开发方面做出了巨大的努力。规范开发工作由工业界和客户联合组成的工作组协作完成。工作组成员包括来自欧洲和美国国防部门的代表。航空和国防联合会提供指南,做了大量支持工作,规范的结构和功能范围主要根据1993年巴黎工作会议上明确的北约需求确定。2003年,美国航空工业学会(Aerospace Industries Association,AIA)和ASD签署了系列的合作备忘录(memorandum of understanding,MOU),该文件使工业界各支持性组织之间的关系得以规范化。2010年,AIA和ASD又签署了“推进建立共用、互操作、国际化的ILS规范集”合作备忘录,联合开发了ASD S系列ILS规范。该备忘录授权组成ILS规范委员会,委员会成员来自AIA和ASD。委员会的任务包括联络AIA和ASD,开发和维护ASD/AIA S系列ILS规范,管理联合会议,识别需要协调的领域。

ASD开发和定义S系列规范,从S1000D到S5000F,可实现由初始适航过程到持续适航的各个流程。规范与业务流程的对应关系如图1.5所示。其主要包括:S1000D主要规范技术出版物模块的相关内容;S2000M主要规范航材管理和订单管理模块相关的内容;S3000L主要规范后勤保障分析活动相关的内容;S4000P主要规范维修计划相关的内容;S5000F主要规范用户操作和维修数据反馈相关的内容;S6000T主要规范培训信息相关内容。

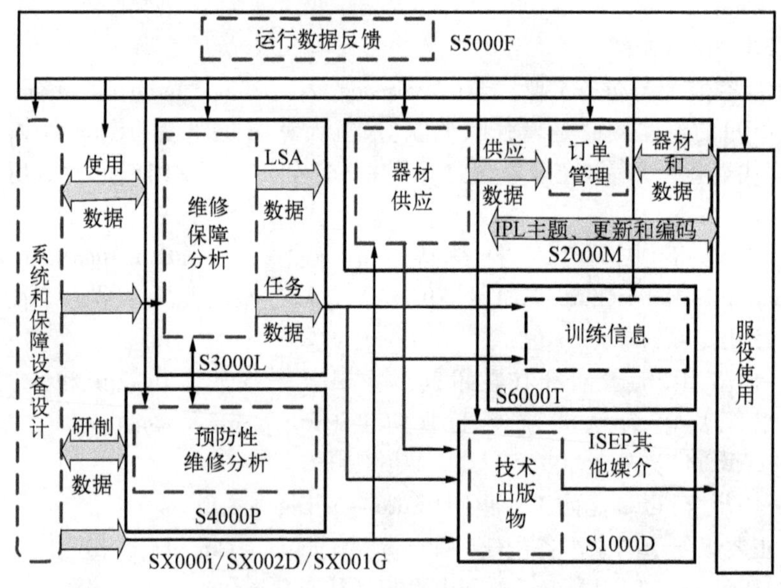

图1.5 ASD系列规范之间的关系[15,16]

1) S1000D规范

S1000D规范的全称是利用公共源数据的技术出版物国际规范(International

Specification for Technical Publications Utilizing a Common Source Database)。顾名思义,S1000D 规范是一个通过使用公共源数据的规范数字格式技术出版物生成、维护和发布全生命周期的规范[17]。最初,2007 年,AIA、ASD 和 ATA 签署了一个新的合作备忘录,把 S1000D 的开发和维护扩展到了商业航空领域。

(1) 首个版本发布于 1989 年。

(2) 几乎在所有的跨国的 NATO 项目中得到应用。

(3) 由 ASD - AIA - ATA 三个组织共同维护,适用领域由军方扩展至军民两用,且产业界大量的企业参与其中。

(4) 支持发布为页式的和交互式电子技术出版物两种形式。

2) S2000M 规范

S2000M 规范全称是航材管理国际规范(International Specification for Material Management)。S2000M 定义支持任何军品的航材管理的程序和流程,此外它并非仅限于军品的航材管理,对于民品也一样适用[18]。S2000M 描述航材管理的业务流程、相关事务和数据元素,描述行业与客户的关系。

3) S3000L 规范

S3000L 规范的全称是后勤保障分析国际规范(International Procedure Specification for Logistics Support Analysis),目前最新版本是 1.1 版本。

S3000L 规范设计的目的是覆盖建立 LSA 过程的全部活动和需求[19]。包括:提供建立产品分解和 LSA 候选项选择的规则;描述 LSA 分析的类别和执行特定分析的方法学;给出如何处理分析任务结果的指南;包含后勤支援分析(logistics support analysis,LSA)和保障工程领域(support engineering areas)之间的接口;包含 LSA 和 ILS 功能领域(ILS functional areas)之间的接口。

总体说来,S3000L 有如下特点: S3000L 提供一个如何在客户参与的情况下建立一个合适 LSA 过程的行动指南;S3000L 描述从最初的概念项目阶段到后勤产品生产所有阶段的 LSA 的业务过程;S3000L 描述如何建立一个合适的系统分解以及如何选择 LSA 的候选项的行动指南;S3000L 对于潜在技术/后勤分析活动提出一个概览,并且介绍如何在一个后勤数据库中以文档方式记录结果;S3000L 给出如何对维修和操作任务及相关资源进行文档化的行动指南;S3000L 提供一个基于 ISO 10303 AP239 的 PLCS[7] 数据模型;附加的规范 S1003X 提供 S3000L 与 S1000D 数据交换的规范。

4) S4000P 规范

S4000P 规范的全称是用于开发维修计划程序的国际程序手册(International Procedure Handbook for the Development of Scheduled Maintenance Programs)。近期 ASD 组织将 S4000M 规范更名为 S4000P,全称是开发和持续改进计划维修的国际

规范(International Specification for Developing and Continuously Improving Preventive Maintenance),最新版本为1.0版。

S4000P是基于MSG-3和以可靠性为中心的维修(reliability centered maintenance,RCM)进行开发的,可以看作两者的一个融合[20]。S4000P的主要优点和创新点包括：相较于其他已知的分析方法,S4000P的应用不限于预先定义的产品类型,如军机或民用飞机。S4000P分析的思想和原则适用于所有复杂的技术产品;为了覆盖整个产品生命周期,S4000P提供的思想是在研发设计阶段产品维修性分析的基础上通过创新的ISMO方法在完整服役阶段持续优化产品的维修能力;当定义预防性维护任务时,S4000P产品系统地分析考虑到了产品集成测试和状态监测技术;在S4000P中产品结构分析涵盖了当前和未来产品所有类型的结构材料和材料组合;在S4000P中产品区域分析是基于模块化分析概念并涵盖各种类型产品的区域分析。

5) S5000F规范

S5000F规范的全称是运行和维修反馈信息的国际规范(International Specification for Operational and Maintenance Feedback)。S5000F规范描述产品从用户使用得到反馈的数据元素。这些反馈的数据包括：缺陷分析;事件和系统/组件健康状况;使用优化;构型信息(As-Maintained);机队管理;耗材相关信息;问题报告;运行小时数;特殊事件;工程记录卡(engineering record cards,ERC)相关信息;产品改进建议;培训缺陷;支持全寿命周期成本[15]。

6) S6000T规范

S6000T规范的全称是培训分析和设计的国际规范(International Specification for Training Analysis and Design)。教学系统设计(instructional system design,ISD)过程由五个相互关联的阶段组成,这些阶段通常被称为“ADDIE”模型：分析、设计、开发、实施和评估[21]。

S6000T的范围包括该过程的前两个阶段：分析和设计。S6000T是AIA/ASD起草的最新S系列规范,旨在标准化不同组织开发的过程和数据。S6000T定义了执行培训需求分析的过程,包括培训需求的定义,学习目标和培训课程的标识。它还标识用于与其他S系列规范进行信息交换的数据模型。S6000T规范包含的内容包括：培训信息收集程序;培训需求分析程序;培训课程和培训课件设计程序;培训课程改进程序;培训与其他规范的数据交换;培训数据模型。

1.2.2.3 S系列规范数据交换

各个模块的数据流动必然涉及各个模块之间数据模块的交换,ASD采用DEX数据交换规范来实现各个模块之间的数据交换。图1.6是S5000F与S3000L开展数据交换的示例。

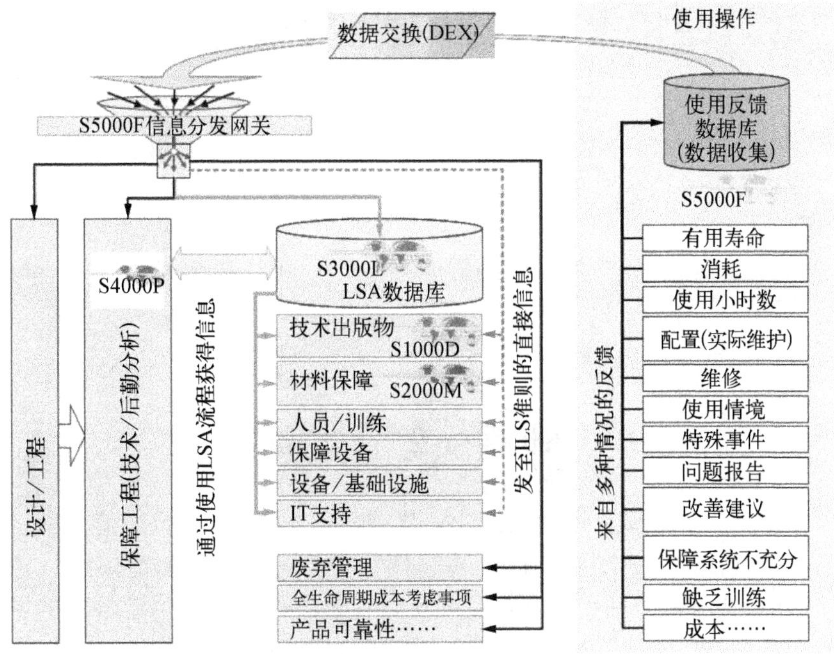

图 1.6　S5000F 与 S3000L 开展数据交换示例[16]

第二章 民用飞机运行支持构型管理

2.1 民用飞机运行支持构型管理综述

构型管理体系的建立将确保对于飞机结构、系统/子系统、设备部件的功能特性和物理特性中不同构型状态能够进行正确的标识,控制更改并对更改实施状态进行记录。构型管理的实施主要体现当产品出现设计改装和重大决策时,形成可追溯的完整审核过程。

构型管理的实施对象起始于产品分解的最小单元。该最小单元清晰地定义了从需求分析、设计、制造到运营保障的对象,以及全寿命周期中的更改评估和记录。

构型管理包括四个要素:构型标识、构型控制、构型纪实和构型审核。

构型管理是保证飞机符合安全性、适航条例和客户要求以及成本和进度目标的系统管理程序。构型管理对制造每架飞机的零件及有关的计划、工艺、工装和规范保持精确的记录。

构型管理的目标在于[22]:

(1) 定义了产品特征,提供量化的主要性能参数,从而使供求双方对产品的购买和使用达成共识;

(2) 用文件(例如文档、图纸、数模等)规定了产品构型,为更改建立了一个公认的基础,使更改决定是根据正确的、有效的信息所做出的,增强了产品的重用性;

(3) 产品被贴上标签,并与相关的需求、设计和制造信息相联系,可选取适用的数据(例如用于采购、设计或产品服务的数据),以避免猜测、尝试和误差;

(4) 在做出更改决定之前对建议的更改进行识别并就更改造

成的影响进行评估,避免后序工作产生意外,实现降低成本和缩短进度的目的;

(5) 使用规定的流程来管理更改活动,避免了由特别的、无序的更改管理造成的高昂代价;

(6) 为了检索关键信息和相互关系,按需组织在产品定义、更改管理、产品制造、分发、操作和处理的过程中记录构型管理信息,及时的、准确的信息避免了误工和停产;确保正确的更换和修理;降低了维护成本;

(7) 按所要求的特性验证实际的产品构型,在产品生命周期内,检验和记录产品更改的合并,建立产品信息的高置信度。

2.2　民用飞机工程构型与民用飞机运行支持构型的关系

工程构型与运行支持构型的主要差别在于产品结构的建立。出于不同的目的,一个产品的分解可以是多种维度的。由于工程与运行支持专业领域的差别,这就意味着不同专业间产品结构的建立存在数据映射交互和共享问题。因此需要定义各自的产品分解方法和分解标识,并建立关联。

运行支持的产品结构的建立需要将工程因素以及运行支持因素相融合,建立特有的产品结构,可通过如下两种方法。

(1) 通过结构化的产品分解标识来建立运行支持产品分解,类似标准编号系统(standard numbering system,SNS)编码结构或 MIL－STD 1388－2B 和 DEFSTAN 0060 中的 LCN/ALC 结构,将功能分解与物理分解集成于同一产品分解结构中,并通过产品分解标识来定义清晰的层级关系。

(2) 基于产品数据管理(product data management,PDM)分解或源于工程设计分解,通过父子继承关系进行产品结构的建立,这种分解方式将由硬件设备的分解进行驱动。设备的标识不会像方法(1)中体现的产品层级。产品的分解可以是运行支持的对象或者是产品工程定义的最底层,如零件 PI 级。

除构型标识在工程体系和运行支持体系中的差别外(如图 2.1 所示),在构型管理整个过程和传统方法中,构型仅仅适用于飞机本体系统。然而,运行支持考虑的是完整的工程应当由飞机本体系统和运行保障系统组成。因此运行保障系统必须同样考虑进构型管理中。

运行支持的构型管理的限制在于所需维修保障对象的定义。维修等级的分析结论将对运行支持的构型管理起到重要影响。维修等级分析定义了设备是否将由哪个层次来修理(因为产品/设备可进行航线修理、被送往承包商/供应商进行基地级修理或是考虑报废)。如果对产品/设备的维修没有需求,就没有必要去进行零件分解,这就是运行支持的构型管理的条件。当业务流程涉及不止一个客户时,这一条件将按照所有用户中最低的保障层次要求而定。

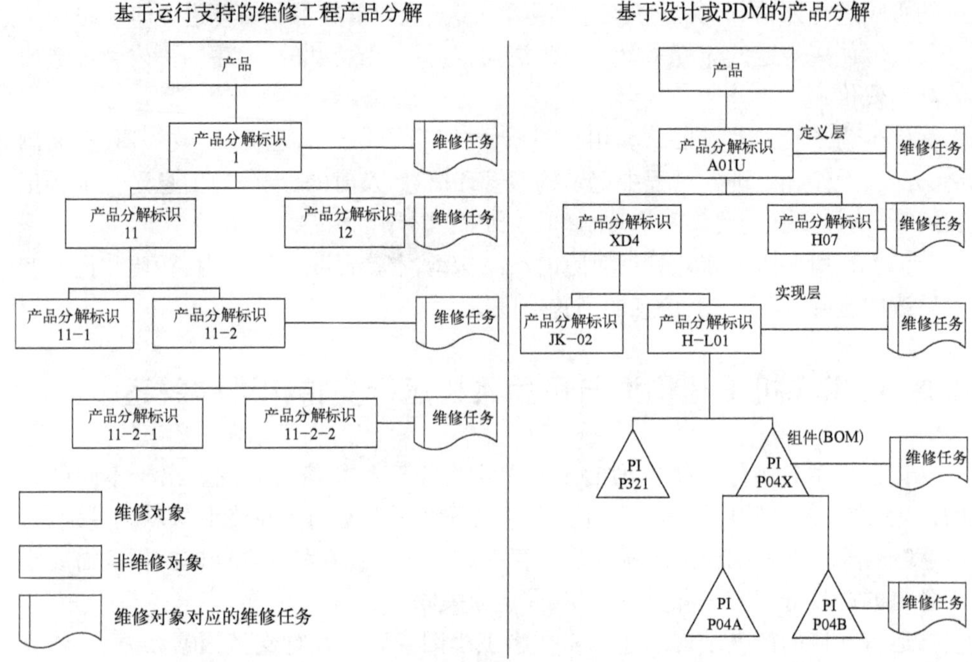

图 2.1　构型标识的差异

2.3　民用飞机运行支持构型识别

2.3.1　概述

构型标识是构型管理的功能之一，其能够建立一个产品及其产品信息的结构，选择、定义、记录产品属性的基线，为每个产品及其产品构型信息定义一个唯一的标记[9]。

构型标识是选择、组织和表征产品属性的系统性过程。构型标识的主要活动有选择构型项目，通过构型文件定义构型项，确定合适的更改控制层级，对构型项及其构型文件使用唯一的标识，发放构型文件以及建立基线。运行支持的构型标识是在项目构型标识的基础上，针对运行支持产品开展以下标识活动：

（1）通过构型标识实现；

（2）对产品及产品构型信息进行唯一标识；

（3）有序组织产品的构成；

（4）建立相关信息之间的关联；

（5）对产品构型进行定义，建立基线；

（6）保持产品及产品信息在生命周期内的一致性。

因此，构型标识是后续管理产品及产品构型信息更改，维持产品全生命周期内可追溯性等业务开展的基础。

有效的构型标识对于所有其他构型管理活动是首要的。如果构型标识和它们相关的构型文档没有被合理地确定，控制项目构型的更改、建立精确的记录和报告以及通过审查来验证构型都是不可能实现的。

错误或不完整的构型文档可能会导致缺陷产品、计划推迟以及交付后更高的维护费用。

2.3.2 构型标识规则

构型标识必须遵循下面规定的规则（表 2.1）。

表 2.1 构型标识规则

规　　则	描　　述
构型项标识（功能和物理的）	构型项标识必须遵循设计构型，并与其他运行支持专业标准相兼容，如 S1000D 或 S2000M。例如，功能构型可遵循 S1000D 的标准编号系统
功能和物理构型之间的关系	功能构型和物理构型是同一个构型项的两个不同角度的展现。因此，必须提出这两种构型之间管理和关联的要求
设计和运行支持标识之间的关系	必须建立设计构型和运行支持构型之间追溯性原则
区域和口盖标识	通过将口盖信息区域进行产品结构化也是产品构型标识的另一种方法
变量/选项标识	变量和选项的定义必须在工程初期进行标识。这对于同一功能制订不同技术解决方案尤为重要
顶层构型标识	在项目初期，必须建立顶层构型管理的类型。顶层构型管理用于标识产品或产品的任何其他分组种类
合适的构型标识的要求文件	合适标识构型的必要文档必须在工程初期被定义

2.3.3 构型标识对象

构型标识的对象是产品和产品构型信息。

飞机产品构型信息描述产品的性能、功能特性和物理特性，是工程设计的输出，为运行支持业务及全生命周期各阶段的更改提供技术基础。产品构型信息一般记录和体现在需求文件、产品规范、数模、设计图样、软件设计文件等构型数据中。而运行支持的构型对象在基于飞机本体构型的基础上，还将重点围绕运行支持保障产品进行创建。其中包括：

(1) 维修工程提供的运行支持保障产品包括客户服务文件、服务信函、运营人信息通告及机队技术活动报告，地面支援设备，可靠性管理，维护维修运行(maintenance, repair and operations, MRO)及维修能力支持、维修方案支持五方面。

(2) 航材工程提供的包括 ATA 类航材供应资料文件、非 ATA 类航材供应资料文件(标准件、消耗性材料等)。

(3) 培训工程产品包括最终可交付给客户的各种培训课程，包括了飞行、机务、乘务、运行控制人员的培训课程，主要涉及的内容包括训练大纲、培训设备数据包、培训资料、培训设备。

(4) 技术出版物是飞机在全寿命周期内正常运营、持续适航及安全飞行的重要技术保障。分为维修要求类(维修审查委员会报告、维修计划文件、适航限制部分)、维修程序类(飞机维修手册、结构修理手册、无损检测手册、故障隔离手册)、构型控制类(飞机图解零件目录、工具和设备手册)、运行程序类(飞机飞行手册、飞行机组操作手册、快速检查单、放飞偏离指南等)和其他类(标准件手册、用于机场计划的飞机特性手册等)。

2.3.4 构型标识要求

2.3.4.1 产品标识

产品标识体系的建立对所有飞机产品和相关使能产品进行唯一、统一、规范的标识。为满足全生命周期中对型号设计构型定义、系列化发展以及单机构型管理等方面的要求，按照工作场景和标识使用方的不同需求，同一产品可能会分配不同的标识号，以支撑不同阶段的工作，例如研制阶段给出飞机整机层面飞机架次号等标识，制造阶段需要给出制造序列号等。根据飞机的不同层级又可分为飞机整机标识、飞机组成产品的标识、产品数据标识及产品实物标记。其中：

(1) 飞机整机标识主要包括：型号代号、飞机架次号、系列架次号、客户标识号、飞机注册号等标识信息；

(2) 飞机组成产品的标识主要包括：部段号、产品件号、产品名称、软件产品标识、序列号、批次号、制造商代码、制造日期、限制色标等标识信息；

(3) 产品数据标识主要包括：产品数据编号、产品数据版本、产品数据名称、产品数据生命周期状态、发布日期和生效日期等标识信息；

(4) 产品实物标记主要包括：标记内容、标记方法、标记样式等标识信息。

2.3.4.2 产品结构搭建与维护

产品结构以民用飞机为对象，按照一定的方法和原则，对飞机及其组成部分逐级展开，展现隶属关系，形成一个产品结构体系。

产品结构是飞机产品数据管理的依据，也是飞机所有构型信息输出的基础和源头。因此进行飞机的产品结构分解时应综合设计分离、工艺分离、总体布置协调、质量控制、更改管理、设计和制造分包、互换性、维修性客户多样化需求等多方面的要求。

在系统工程中,创建产品分解结构是非常重要的一项工作。产品分解结构描绘一个系统的层次结构,是系统架构的一种表现形式。它负责将一个复杂的系统分解成更小的组成部分以便于实现。系统分解的过程伴随着需求分解、接口定义和集成验证等工作。

尽管运行支持产品围绕特定型号开展服务提供,但其是具有独立研制过程并能够直接面对客户的产品,因此针对运行支持产品,可按层次进行结构分解,分解结合运行支持产品本身的属性和飞机属性,最底层应该尽量和飞机构型相关联。运行支持产品分解是运行支持产品研制的参考和依据,也是运行支持产品构型控制的前提。

产品结构将飞机各组成部分与相关构型信息建立关联而进行管理和控制,直观地体现飞机的层次关系。一般产品结构表现为从上到下的"金字塔"型,主要分为三层,分别是顶层、构型层和底层,以最终产品(可交付客户使用的民用飞机)作为起点,向下直至最底层,在划分构型层时,应综合工程、制造及运行支持等多方意见,统筹协调,识别出科学合理的构型项[23]。

此外,在产品结构中,需要增加一定的关键属性体现产品和构型信息的生效范围,以便于进行分类和筛选,保证合适的人员在合适的时机获得合适的数据,除产品数据管理中所要求的一般数据属性外,还应包括架次有效性、是否提供客户选择等信息。运行支持产品结构分解的主要原则包括:

(1) 运行支持产品分解自顶向下按照系统、类别依次进行划分,同时遵循系统工程中最小产品单元不重复的原则;

(2) 运行支持产品分解是客户服务系统结构分解的延伸;

(3) 运行支持产品结构应体现客户服务产品研制的输入;

(4) 运行支持产品结构应根据产品研制输入特点与工程设计数据结构保持关联对应;

(5) 运行支持产品结构应体现客户服务产品之间的输入输出关系;

(6) 运行支持产品结构应体现客户服务产品的构型状态;

(7) 运行支持产品的分解结构中不仅仅体现运行支持产品,也体现相关支持设备、系统、文件等内容。

2.3.4.3　客户服务视图

运行支持产品视图按运行支持工程体系可划分为维修维护视图和飞行运行视图。维修维护视图是基于飞机维修维护的需求进行分解的,而飞行运行视图是基于飞机飞行运行的需求而进行分解的。

(1) 运行支持产品视图顶层结构体现了系统功能的分解,即将系统视图的顶层分为:机型、系统、分系统、分-分系统。

(2) 运行支持产品视图构型层是体现运行支持产品构型的核心内容,在构型层中定义运行支持产品视图的构型项。构型项是指产品结构中可独立进行构型管理的单元,运行支持视图构型项代表了运行支持产品最小功能单元,构型项的划分基于运行支持产品需求完成,例如维修维护视图基于维修任务划分。由于在运行支持工程研制中,工程设计是运行支持工程的重要输入,因此运行支持产品视图构型项的定义一定程度上保证了与设计构型的一致性,运行支持产品视图构型项的定义一定程度上完成了运行支持工程研制输入的分解。

(3) 运行支持产品视图数据层由运行支持服务产品组成要素构成(即关联产品结构中的某些层级),例如地面支持设备(ground support equipment,GSE)/工具、备件/耗材、维修程序、人工要求/培训等。

例如:用维修维护视图举例说明,首先将运行支持维修维护视图进行顶层分解,维修维护任务主要就是维修任务分析。维修任务分析是按 ATA 章节即系统和结构任务进行分析的,因此可以按 ATA 章节进行划分,以液压系统 29 章为例。而从任务来源上又可以分解成计划维修和非计划维修两部分。以计划维修为例:计划维修分析的输入是 MSG－3 分析结果,故计划维修可以分为系统、结构、区域、L/HIRF 四部分。取液压系统 29 章的 29－13－00,3#液压系统为例,则可令 29－13－00(3#液压系统)计划维修检查作为一个运行支持构型项,而底层的运行支持服务产品数据单元就是 GSE/工具、备件/耗材、维修程序等。

2.3.4.4　构型基线

构型基线由一系列已批准的产品及相关信息组成,构型基线是产品结构中需要进行构型控制的内容,是产品生命周期中构型管理的基础[24]。不同阶段的基线构成内容是不同的,代表着产品定义数据的成熟过程,标志着产品研制路标。运行支持产品构型基线主要具有以下特点:① 是运行支持产品及相关信息的描述;② 用已批准或经过评审冻结的构型文件标识;③ 作为下一研制或使用阶段更改控制的基础;④ 建立的各条基线具有一定的继承和关联性;⑤ 作为运行支持研制成本、进度、资源和风险控制的重要参考依据。

构型基线可按照以下几类(但不限于)基线进行定义。

(1) 功能基线。用已批准的一系列功能构型文件来描述,功能构型文件包含用来定义飞机顶层要求(功能、通用性、接口特性)的技术文件和用来验证飞机是否达到这些要求的技术文件,以整个飞机顶层规范的形式表现,通常在总体方案定义阶段建立。

(2) 分配基线。用已批准的一系列分配构型文件来描述,定义从功能构型文件分配而来的功能和接口特性以及验证这些特性所必须采取的措施,通常在初步设计阶段结束时建立。运行支持产品的分配基线用已批准的运行支持产品分配构型文件来标识，分配构型文件用来描述在研制期间由功能构型文件分解得来的功能，形成各个研制阶段的构型控制点，以保证达到运行支持产品要求及运行支持标准的要求，实现对客户的承诺。分配构型文件通过客户服务总方案、各专业及子专业技术方案、各服务产品的设计规范、编制规定、数据规范及验证要求等来标识。运行支持产品分配基线包含下述内容：① 方案类，运行支持产品总方案、各专业及子专业服务产品技术方案；② 试验试飞类，试验试飞规划；③ 文本类，各专业服务产品技术要求、技术规范、架构设计、编制规范；④ 软硬件相关文件，技术要求、技术规范、架构设计。

（3）设计基线。用已批准的一系列设计构型文件来描述，设计基线是保证功能基线、分配基线通过图样、数模、技术条件、制造工艺、装配工艺、试验方法、软件架构/代码等转化成实体的具体要求，用于指导生产准备、制造、装配、试验、软件开发/测试等的执行文件。运行支持产品构型设计基线用已批准的运行支持产品设计构型文件来标识，设计构型文件用来描述初步完成的运行支持产品构型、运行支持产品构型文件与工程文件之间的关联关系以及验证要求。用于标识运行支持产品设计基线的文件至少包括以下内容：一套完整的工程设计文件，文档类如手册数据模块、软硬件类如工程图纸、相关目录清单、软件可执行目标代码等构型文件、软件清单；运行支持产品构型与工程文件之间的关联关系，如培训设备数据包、数据模块与工程文件关联关系清单等；运行支持产品构型所需验证要求。

（4）产品基线。用已批准的、描述产品的设计、生产、使用和运行支持所必需的一系列构型相关的产品构型文件进行描述。运行支持构型产品基线用已批准的运行支持构型文件来标识，运行支持构型文件用来描述提供给客户使用的运行支持产品构型，应包含对技术出版物、客户培训、飞行运行支援、航材支援、维修与技术支援等业务产品的描述。用于标识运行支持产品基线的文件至少应包含以下内容：① 技术出版物，交付给客户的各种手册以及其他技术文件；② 客户培训，对提供给客户的飞行训练、机务培训、乘务培训、签派和性能培训课程和教材内容进行描述的技术文件；③ 对提供给客户培训所使用的设备的性能、功能和物理特性等信息进行描述的技术文件；④ 飞行运行支援，对交付给客户的电子飞行包（electronic flight bag，EFB）、运行性能分析软件、载重平衡分析软件、飞行品质监控软件、性能监控软件等信息进行描述的技术文件；⑤ 航材支援，交付给客户的航材清单（ATA 类清单、非 ATA 类清单）以及对支援模式进行描述的技术文件；⑥ 维修与技术支援工程，交付给客户的 GSE 清单和图纸；⑦ 对提供客户使用的故障诊断系统等产品的性能、功能和物理特性等信息进行描述的技术文件。

2.4 民用飞机运行支持构型控制

2.4.1 构型控制的目的

构型控制包括对所有更改需求、更改提议以及后续更改结果(批准或不批准)的评估。构型控制的目的和益处包括以下几点:全面了解更改产生的所有影响之后,在此基础上做出更改的决定;将更改限于那些必要的更改或能带来重大效益的更改;便于对成本、补救和换位的评估;保证考虑客户利益;提供了更改信息的有序流通;保持在产品接口的构型控制;维持和控制当前的构型基线;保证产品和文件之间的一致性;记录并限制状态变化;促进对更改后的产品的持续支援。

2.4.2 构型更改的来源/动因

要求进行运行支持构型管理是因为项目中基线构型会发生更改。这些更改可能是内部更改(保障分析的改进)也可能是外部更改(例如,设计更改、供应商更改)。

构型更改潜在的动因/来源可能是:客户需求引起的更改;来自设计单位的更改;来自设计的制造偏差(许可);供应商更改;客户要求更改的指令。

2.4.2.1 客户需求引起的更改

某些情况下,客户要求更改成品。当客户提出更改需求时,需要建立的流程如下所述。

1) 接收客户发起更改建议

2) 管理符合性证书(certificate of conformance,COC)

(1) 成本影响分析。通过对用户的更改需求分析,来确定更改提议的影响和实施更改的费用。

(2) 更改委员会活动。更改要提交至改型委员会来批准或拒绝。

(3) 决策与决议的公布。对于更改提议的决定应当与客户进行沟通。

3) COC 设计验证

(1) 设计单位进行需求分析。更改建议被提交到设计单位进行分析。

(2) 整合设计更改建议。当设计单位决定创建一个设计改型时,必须建立和记录客户更改建议和设计更改之间的关联,以便可追溯。

(3) 设计单位文件材料的收集。设计单位准备文件材料,这些材料需要被收集用来做最后的更改提议,这些提议由客户需求衍生而出。

4) 更改适用性分配

制造序列机队或版本应当被分配到最终更改建议中。这仅适用于那些用户发起的更改或者做出的一个决议针对其他客户/机队或根据它们的制造序列号(manufacturing serial number,MSN)标识的产品的更改过程实现的决策。

2.4.2.2 设计的更改

设计单位可能因为多种原因而对构型更改提出不同的建议。取决于它们的起因,更改可以被分成三类:① 强制更改(安全性)。这一类型的更改因为涉及产品的安全性,是不可避免的。不实施这些更改的后果可能在产品的运行中导致灾难性后果;② 改进更改。此类更改建议改善产品的功能性和保障性;③ 版本定义更改。依照客户合同的要求,提出更改来创建新的客户版本。

为了保持更改的可追溯性,考虑与这些更改相关的特定方面以及必需的后续行动是有必要的,举例如下[25]。

(1) 更改适用性。从产品的角度提供更改的适用性。

(2) 设计构型方案。通常,设计单位针对一项功能使用一个构型项方案。功能项遵守产品的特定功能需求。因为有不止一种方法来完成此功能需求,对于同样的功能可能有多种设计解决方案。因此,对于一个构型项有几个设计解决方案与之相关联。一个设计解决方案可以是一个设备、一套设备或多个具有不同元件组成的设备的功能实现。

(3) 图纸和样机(模型)更改。在某种条件下,更改不会引进一个新的构型项/设计解决方案,但更改了项目的位置(模型更改)。这些更改可能同样影响保障项目(例如维修任务)。

(4) 设计准则和系统描述的更改。产品的功能描述包含在设计准则中。因此,产品构型的更改意味着其功能的更改,那么设计准则受设计更改的影响。因为系统的维修工程分析中运用了设计规范,因此维修工程分析受到上述更改的影响。

(5) 设计更改状态。为了认可/实施一个设计更改,需要通过必要的批准过程。从维修工程分析的观点来了解这一状态并采取相应的行动是很重要的。因为维修工程分析是整个流程的一个完整的部分,更改的总体状态应当考虑到维修工程分析的状态。因此,维修工程分析为项目更改管理提供反馈。

2.4.2.3 来自设计的制造偏离

当经核准的构型文档正确,而制造过程发生偏差时,一种针对“偏差和废弃”的方法在制造中被使用,要么接受已生产的产品,要么通过维修来使得产品符合设计图纸或标准,而不是丢弃。“偏差和废弃”的方法不应当用来避免根据生命周期必需的流程。如果需要非适用性文档和评估,这些必须被剪裁并在合同判决前达成协议。

1) 偏离的要求

在一个产品制造之前,对于一些特定数量的组件或一个特定的时期,用户可以通过合同,对需要进行暂时性的强制性修改的规范和设计图纸进行批准。项目不应当在交付时包含一个已知的偏差,除非关于偏差的请求已经被许可。

2）放弃的要求

所有方面都不符合合同要求的供应或服务通常应当被拒绝。制造期间整个的误差都不符合指定构型文档的项目不应当交付给客户,除非该废弃件已被加工过并被批准。

2.4.2.4　供应商更改

由供应商提供设备中的更改都可能影响产品的构型。供应商更改可能影响到设备或是适用于供应商设备的保障项目。

2.4.2.5　要求客户更改的指令

当产品的改型被合并时,一旦任务系统运行正常,它必须通过服务通告来推行。

服务通告是描述改型以及它如何在产品中实施的技术文件。它具有关联的适用性,并且一旦该服务通告被批准了,它可以被视为设计改型进行处理。

设计改型与服务通告之间的区别在于,承制商不能实时获取来自客户的实施服务通告的信息。因此,服务通告的适用性不能作为真正的适用性。

2.4.3　构型更改影响的评估

对于正确的构型管理,有必要对可能引入 ILS 的更改影响进行正确的评估。更改能够对构型项、文件材料或是保障系统产生影响。为了控制更改对运行和保障问题的影响,需要考虑以下内容:

（1）更改对综合后勤保障各学科的影响;

（2）更改对保障要素(如备件、测试设备)的间接影响;

（3）所有更改后和更改前项目的互换性/兼容性;

（4）如果更改具有适用性,在更改的文件材料中要标示并且要附上补充的评估页来给出评估的详细资料。

2.4.4　更改来源和相应运行支持更改之间的可追溯性

更改来源和伴随的运行支持更改之间的可追溯性通过以下来完成。

1）更改提议准则可追溯性

通过使用来自设计或其他部门的相同编码的更改作为更改准则,或使用其他来源作为更改建议来保证更改的可追溯性。如果情况不是如此,则有必要维护一个准则和原始更改之间的关系记录,该准则用于批准对运行支持的更改。

2）设计构型项与运行支持分析构型项相比较

由于涉及构型使用的编码与运行支持构型有所不同,所以有必要在两种标识构型项的方法之间建立联系。建议记录设计构型项和运行支持分析构型项之间的对应关系。这样会有助于确定后勤分析保障构型项中源于设计构型改型的潜在影响。

2.5　民用飞机运行支持构型纪实

构型纪实是构型管理的活动之一，是对已确定的技术状态文件、提出的更改状况和已批准更改的执行情况所作的正式记录和报告。

构型纪实记录和报告的信息包括产品的构型信息、构型更改的状态、已批准更改的执行情况、构型审核情况。

在运行支持的整个生命周期过程中，构型管理的主要对象有两类，即产品和承载产品构型信息的构型文件。构型纪实的本质就是对产品和构型文件当前/历史的构型状态和变化历程等信息进行系统地记录、存储和管理，保证在任何时候都可以查询、输出这些信息，以支持产品的研发、取证、交付、运行等活动。

通常来说，构型纪实活动一般包括以下方面：记录并报告构型项的标识号、现行有效的构型文件及其标识号；记录并报告所有工程更改从提出到贯彻实施的全过程；记录所有偏离和让步的申请和批准状况，报告关键和主要偏离和让步的批准状况；记录所有构型文件的更改过程；记录并报告构型审核结果，包括不符合状况及最终处理情况；记录并保持各架次飞机的构型信息；定期备份构型纪实数据，维护数据安全。

2.6　民用飞机运行支持构型审核

2.6.1　构型审核的目的

构型审核是为确保产品的设计实现了产品构型文件中定义的性能和功能要求，产品的设计在产品构型文件中进行了准确的描述，以及对最终产品构型与定义的产品构型的符合性进行检查和验证活动。构型审核包括功能构型审核(functional configuration review，FAC)和物理构型审核(physical configuration audit，PCA)。

FCA 用于验证构型项是否达到了构型文件所规定的性能和功能属性，FCA 主要与产品的设计有关。FCA 一方面是审核飞机功能和性能指标完整性，另一方面是对飞机功能和性能达标确认。FCA 通过文件和试验结果，验证分配基线与功能基线的符合性、设计基线和分配基线的符合性、产品基线与设计基线的符合性。

PCA 用于检查构型项的真实构型是否代表产品构型，即验证按正式生产工艺制造出的产品是否符合的构型定义文件。PCA 也用于确认构型项的整个生产过程。PCA是对飞机完整性和符合性检查的确认,用于验证飞机产品与其产品构型信息(设计基线)之间的符合性。

构型审核的目的是确保:产品设计达到规定的性能和功能;构型文件的完整性;产品与它的构型文件之间的符合性;建立完整、准确的产品基线;所有产品及其组件都被正确且唯一的标识;一个已知的构型可作为产品支援(操作、维护、运营活动)的基础;有适当的构型管理流程和程序,维护产品及其构型信息的一致性。

通过构型审核活动能检验构型管理系统是否能够正常运行。构型审核是对飞机设计完整性和制造符合性的验证,是确保飞机性能和功能优势及商业运营成功的有力保障;同时,构型审核也为适航取证提供了控制手段和决策数据。

功能构型审核和物理构型审核共同目标是在产品生命周期内对构型控制和产品支援的构型文件建立高度的信任度,它也是确保产品与文件持续一致的过程。

2.6.2 构型审核的范围

构型审核的范围从产品/产品数据角度,包括以下五种(以及它们的组合):

(1) 硬件,如飞机、系统(含机载测试系统)、分系统、部段、部件、组件、机载设备、管路、电缆、零件、复杂电子硬件、专用工装、工艺装配件、机载加改装组件/设备、地面支援设备、飞行模拟器、航材等;

(2) 软件,如计算机程序、航空数据库、共享数据库;

(3) 加工过的材料,如润滑油;

(4) 文件,如规范、图纸、测试程序、出版物、版本描述文件;

(5) 设施,如试验装置。

构型审核的范围从生命周期角度,应贯穿于产品的全生命周期。

2.6.3 构型审核的原则

验证产品与批准的产品定义信息中物理、功能、接口要求的符合性,以确定管理产品构型的基础。

每个更改必须得到验证,以确保维持产品、产品构型信息,以及测试设备和备件等相关的支持设备间的一致性。

构型审核应作为一种确认构型验证已完成,并在产品生命周期中的关键节点上建立基线的方法。

2.6.4 构型审核的时机

对于飞机产品系统而言,FCA顺利结束前,不得结束PCA,不得制订产品基线。在正式建立产品基线前,应完成FCA和PCA。但考虑到某些系统产品的特殊性(如软件产品),为了节省资源和缩短进度,允许PCA与FCA同时进行。PCA顺利结束时，产品基线应是完整和精确的。

鉴于飞机的庞大、复杂等因素，飞机产品构型审核应由一系列递进式的审核来完成。具体的划分规则应根据相应的专业特点、系统复杂程度裁定，原则上 FCA 应以某一系统/设备的一个特定的功能领域为审核单元，PCA 可与项目重大验证试验前的产品质量评审等工作结合进行。对于开展过构型审核的构型项，如果后续发生了设计更改，则应重新进行构型审核。

2.6.5　构型审核过程划分要求

构型审核过程原则上应分为策划构型审核、开展构型审核和关闭构型审核三个子过程。构策划型审核过程应包含如下工作内容：根据项目的里程碑计划、产品的研制进度、研制和运营过程中出现的重点问题，确定需要审核的产品对象以及负责该产品对象的团队或供应商，制订并形成构型审核计划；确定审核方案以及审核需要的资料和数据；将审核计划及审核方案通知被审核方代表，并对审核计划和日程达成一致；通知被审核方提交或准备好所需的资料和数据，迎接审核。

开展构型审核过程应包含如下工作内容：被审核方根据审核计划及审核方案开展自查，形成自查报告；按照审核要点或检查单，开展审核、评审、检验或检查；对审核过程进行记录，对其中发现的问题进行质询，确定存在的不符合项；发布正式的构型审核报告或会议纪要。

关闭构型审核过程应包含的工作内容：通知不符合项的责任方制订纠正措施，形成行动项和行动项关闭计划；应对不符合项和行动项关闭计划进行统一的监督和管理。

第三章　S 系列规范及相关数据交换规范综述

3.1　S 系列规范

3.1.1　S 系列规范开发及组织架构

S 系列规范的开发由各工作组在 ILS 规范委员会的监督下运行，一旦被批准发布，该规范的维护和未来的开发则由指导委员会负责指导，该指导委员会也是在 ILS 规范委员会的指导下运行。

这里要说明的是，S1000D 的开发和维护是由一个独立的 ASD/AIA/ATA S1000D 委员会负责的，为协调 S1000D 和其他的 S 系列规范，由来自 S1000D 委员会的代表作为观察员参与到 ILS 规范委员会中。

各协会、各委员会和负责的 S 系列各规范的关系如图 3.1 所示。

目前已发布或正在开发多个规范，如表 3.1 所示。

表 3.1　S 系列规范列表

S 系列 ILS 规范	说　明	网　址
SX000i	S 系列综合后勤保障 ILS 规范应用的国际化指南	www.sx000i.org
S1000D	基于共源数据库（common source data base，CSDB）的技术出版物国际规范	www.s1000d.org
S2000M	航材管理-一体化数据处理国际规范	www.s2000m.org
S3000L	后勤保障分析（logistic support analysis，LSA）国际规范	www.s3000l.org

续　表

S 系列 ILS 规范	说　明	网　址
S4000P	预防性维修的开发和持续改进国际规范	www.s4000p.org
S5000F	客户数据反馈国际规范	www.s5000f.org
S6000T	培训分析和设计国际规范	www.s6000t.org
SX001G	S 系列综合后勤保障 ILS 规范术语表	www.sx000i.org
SX002D	S 系列综合后勤保障 ILS 规范公共数据模型	www.sx000i.org
SX003X	S 系列综合后勤保障 ILS 规范互用性矩阵	www.sx000i.org
SX004G	统一建模语言 UML 模型读者指南	www.sx000i.org
SX005G	S 系列综合后勤保障 ILS 规范的 XML 数据模式实现指南	www.sx000i.org
SX006R	S 系列综合后勤保障 ILS 规范的规则定义	www.sx000i.org
S1000X	S1000D 输入数据规范	www.s1000d.org
S2000X	S2000M 输入数据规范	www.s2000m.org
S3000X	S3000L 输入数据规范	www.s3000l.org
S4000X	S4000P 输入数据规范	www.s4000p.org
S6000X	S6000T 输入数据规范	www.s6000t.org
ASD－STE100	简化技术英语	www.asd-ste100.org

各规范之间的关系可参见图 1.5。所有相关方都能应用这些共同的后勤流程，使得贯穿整个产品和服务生命周期的数据共享和交换成为可能。S 系列规范致力于下列目标：

（1）就 ILS 和整个 ILS 流程达成共识，ILS 整体流程将集成贯穿整个产品生命周期的所有必需的元素和资源；

（2）优化产品及产品支持系统在整个生命周期中的性价比；

（3）通过识别最合适的方案和集成，快速响应初始和变更需求，进一步优化流程，提高数据质量，减少非必需的费用；

（4）通过简化电子信息交换，使客户和工业界的协作成为可能。

本节对各 S 系列规范的开发、发展、适用领域与在产品全寿命周期流程中的功能展开说明。

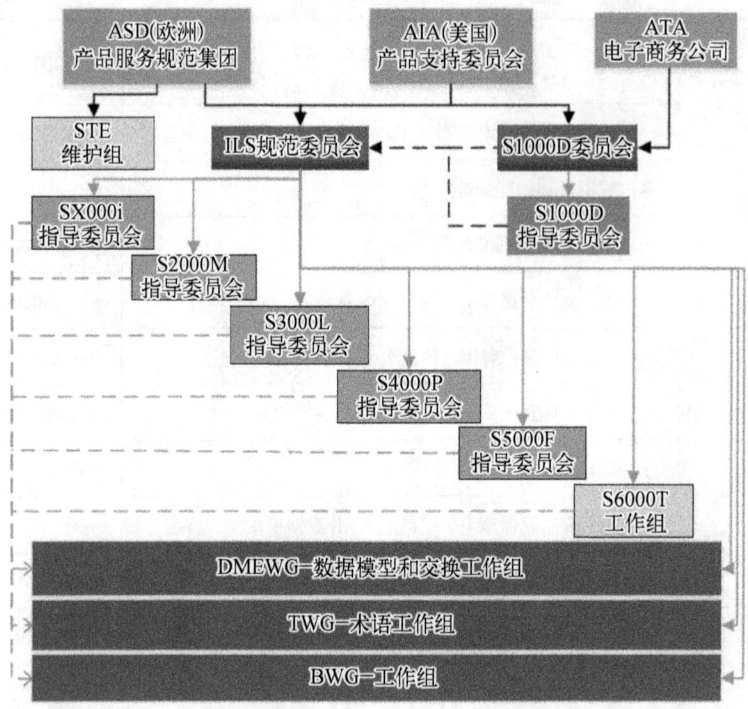

图 3.1　S 系列规范开发和维护的组织架构

3.1.2　S1000D

S1000D 标准的全称是 International Specification for Technical Publications Utilizing a Common Source Database,即利用公共源数据库的技术出版物国际规范。S1000D 规范是一个通过使用公共源数据规范了数字格式技术出版物生成、维护和发布全生命周期的规范[26]。

S1000D 规范是由 ASD、AIA、ATA 联合发布的国际性规范,其最新版本适用于所有武器装备和民用装备用户技术资料(包括培训资料)的出版活动,支持以纸型和电子格式方式出版发布。S1000D 采用了多项 ISO 国际标准、CALS 以及 W3C 标准,支持标准通用标记语言(standard generalized markup language,SGML)、XML 和计算机图形图元文件(computer graphics metafile,CGM)。按照 S1000D 规范,所创建的技术文档以中立数据格式存储,因此可以被跨平台、跨系统使用。技术文档的模块化创建与管理,以及中性格式存储是 S1000D 的最大特色,也使得它在国际组织中广受欢迎。S1000D 标准建立的目标是: ① 建立一个能在全球大量组织广泛使用的标准;② 减少组织自身开发类似标准的需求;③ 增强技术数据的可交换性,减少数据冗余;④ 支持合作式的信息产生和使用。前三个目标可以大大减少技术数据的维护成本,最后一个目标可以实现信息的可交换性。

S1000D 规范还有以下优点:基于国际认可的中间标准;降低技术信息的维护费用;允许生成信息的子集以满足客户的需要信息和数据输出可以在全异构的 IT 系统间进行;它是非营利的可以以中性方式进行数据传递和管理数据;可以从相同的数据库生成很多不同的输出表格以保证数据的安全性;支持以电子格式以及纸质文件管理技术文档数据;支持使用 XML 和 WEB 技术的交互式电子技术手册。S1000D 应用范围如图 3.2 所示。

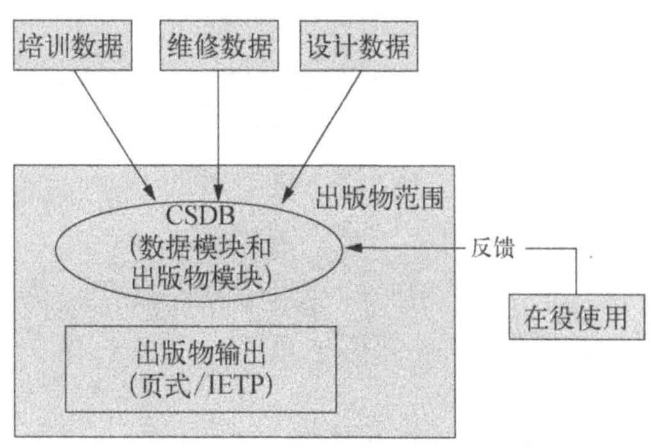

图 3.2 S1000D 应用范围

S1000D 标准中提出了两个核心概念,用来保证技术文件实例间的信息共享与交换,这两个核心概念是:数据模块(date model,DM)和 CSDB,只有实现了这两个核心概念才能称得上实现了 S1000D 标准。

1) 数据模块

数据模块是 S1000D 标准中的一个核心概念,逻辑上,一个数据模块是一个自我包含、包含装备一部分信息的数据单元,不可分割,具有原子性;物理上,它就是一个 ASCII 码文件,它以 SGML 或 XML 格式组织数据,并有相应的文档类型定义来约束和验证数据文件中的标记。

依据 S1000D 标准创建的技术文档中,数据不是以传统的“章节”形式出现,而是以“模块”的形式出现,即数据模块。各个数据模块之间使用数据模块编号(data module code,DMC)相互区分,可以利用此编号管理整个产品的所有数据模块。

每个数据模块包含以下两部分结构:标识和状态段(identification and status section,IDSTATUS);内容段(content)。

标识和状态段是数据模块的第一部分,包含了数据模块的元数据信息,用于数据模块的控制与管理,对于用户是透明的,被包含在<idstatus>标记之中。它进而又被划分成标识部分,其中标识部分以<dmaddres>标记标识,包含了数据模块的标识信息,如数据模块编号、标题、版本号、出版日期、所有语言等;状态部分以<status>标记来标识,包含了数据模块的状态信息。

内容段是数据模块的第二部分,它包含了要显示给用户的文本信息,对用户可见,被包含在<content>标记之中。由于不同的用户即使操作相同的设备部件,也可能执行不同的任务,所以 S1000D 3.0 标准中定义了 9 种数据模块类型,即一个部件可能由多个类型的数据模块描述。数据模块类型能够快速生成一个特定于操作者

(如操作员、维修工程师等)的技术手册。不同类型的数据模块拥有不同的内容段<content>结构,但拥有相同的标识状态段<idstatus>结构。

2) 公共源数据库

CSDB 是 S1000D 中的另一个核心概念,用于信息管理。在 S1000D 标准中它是这样定义的:公共源数据库是一个信息存储地与管理工具,为生成技术手册而需要的所有信息对象都保存在其中,它也被用于媒体输出,用于生成纸质的或电子格式的出版物。

一个产品所有的技术信息都被存储在 CSDB 中,可通过数据模块编号、信息种类以及其他的元数据信息以目录或搜索的方式将信息对象从 CSDB 中检出,以满足用户特定的需要。

存储在公共源数据库中的信息对象有如下几种:数据模块(data module, DM);插图(illustration),所有与数据模块相关联的非 SGML/XML 格式的文件;数据模块列表(data module list, DML);注释(comments);出版模块(publication module, PM);数据交换说明(data dispatch notes, DDN)。

上述信息对象都是可以被标识(addressable)与可交换(exchangeable)的信息单元。各信息对象在公共源数据库中用其相应的编号来标识与管理,并做到无冗余的存储。

S1000D 管理文档的基本步骤包括:针对客户需求,对 S1000D 进行剪裁以满足用户需求,定义项目 IETP 的业务规则;对现有技术内容进行分析,决定所需要的信息集以及项目的范围;编制数据模块需求清单(data module requirement list, DMRL);录入数据模块和相关管理信息(生成的内容存放到 CSDB 中);针对不同客户确定出版物结构和发布方式;规划文档生成的样式;根据样式生成文档;文档的发布和交付。

3.1.3 S2000M

S2000M《物资管理国际规范》(International Specification for Material Management)规定了物资供应管理的要求,通过协调一致的物资供应管理工作流程和事务处理与数据元素,描述了工业界和客户之间的业务关系[27]。供应保障是产品综合保障重要的要素之一,其基本业务包括初始保障供应和后续保障供应。无论计划维修与非计划维修都需要备件与供应,如果产品不能及时获得备件,就无法完成维修任务,产品就不能处于良好状态。因此,做好备件的规划与管理,对保持战备完好性、节约保障费用具有重要意义。

S2000M 规范的制订工作是由 ASD 的前身欧洲航天工业协会(AECMA)于 1976 年提出的,AECMA 现已并入欧洲航空航天与国防工业协会。当时,民用航空主要采用 ATA200《供应数据集成处理》,而在军用领域则没有统一标准,各国空军分别使用自己国家规范。由此促使 AECMA 和 AIA 考虑将军用规程和民用规程进行融合,并于 1981 年 6 月在巴黎召开的一个国际会议上达成了以 ATA200 为基本框架制订军民融合的标准决议。1984 年开始编制 S2000M 以满足各种业务开展的需要,支持装备的所有物资供应保障管理活动[15]。

S2000M 标准规范主要的版本历史如下:

1 版- 1988 年;

2.1 版- 1992 年 5 月,可用于项目供应的第一个版本;

3.0 版- 1998 年 10 月;

4.0 版- 2005 年 1 月;

5.0 版- 2010 年 10 月;

6.0 版- 2015 年 10 月;

6.1 版- 2017 年 3 月。

在 4.0 版之前,S2000M 规范主要规定了军用航空以及提供给军用机载和地面设施的物资管理要求。从 4.0 版开始,S2000M 开始涉及商务过程和符合数据管理要求的物资管理过程。2010 年 10 月发布的 S2000M 5.0 版,采用了一个新的理念,即面向元器件的最低初始供应(initial supply,IP)数据以及新增了子章节 1C -备件清单(SO4)。S2000M 扩展了修理/大修、保单处理和在第 2 章和第 3 章中描述的运输等业务内容的范围。从 6.0 版开始将形成一个通用的 S2000M 规范。S2000M 关注产品寿命周期保障与综合后勤保障的集成,使用统一建模语言(unified modeling language,UML),形成集成化数据建模(如 ISO 10303 - 239 给出的活动模型),创建 PLCS 数据交换规范,更好地实现 S2000M 和 S3000L 之间数据交换。通过一个通用寿命周期保障知识库管理所有的装备相关 ILS 信息,可以实现标准之间的互通与数据交换。

S2000M 规范总共包括 6 个部分内容。

1) 供应规划

供应规划是为所有产品提供选择保障设备和备件的过程,规定了为客户提供供应保障信息的过程和数据、格式与传递程序,同时还规定了图解零件数据(illustrated parts data,IPD)。IPD 数据在其他业务模块中的展现形式在 S1000D 标准中进行了定义。IPD 数据与图解零件目录(illustrate part catalog,IPC)数据是完全等同的。

2) 备件清单

备件清单可保证供应商能够为用户提供零部件清单数据(包括商用清单数据),从而保证相关流程按照相应要求执行。

3) 物资供应

物资供应描述了与定价、订购管理、运输、开具发票相关的流程、过程以及技术要求等内容。其中,定价描述了与询价、提供价格相关的流程、过程以及技术要求,主要采用了三种方式:单件价格法;价格表法;订单价格法。

订购管理描述了与订单、订购过程以及物品发货相关的流程、过程以及技术要求等。同时,订购管理可支持所有与订购相关的服务内容,比如维修等。运输过程描述了与生成运输清单和转运货品相关的流程、过程以及技术要求等。开票描述了发票的开具、发票的发送、发票接收以及发票退回相关的流程、过程以及技术要求等。

4) 通信技术

描述了可用于支持 S2000M 规范的数据交换规范。

5) 数据字典

描述了 S2000M 标准中所有数据元素的定义,通过数据字典,可保证 S2000M 各章节对数据元素的统一理解和应用。

6) 定义、缩略语以及参考文档

描述了 S2000M 规范的术语目录。

3.1.4 S3000L

S3000L 的全称是 International Procedure Specification for Logistics Support Analysis,意思是后勤保障分析的国际规范。S3000L 定义了在航天航空、国防和商业产品的生命周期中,管理后勤保障分析 LSA 执行的过程、要求和相关的信息交换。

后勤保障分析 LSA 是最重要的产品保障过程之一。它是一种重要的工具,可用于以下过程中:设计可维护性、可靠性、可检测性相关的产品,优化生命周期成本;定义在役运行中的产品,在使用过程中所需的全部保障资源。

S3000L 用于涵盖管理 LSA 活动执行的全部过程和要求,包括:提供了后勤用途的产品分解和 LSA 候选项目选择的使用规则;描述了执行特定分析的类型和方法;给出了处理分析任务结果和实现节约成本的保障方案的指南;涵盖了 LSA 和保障工程领域之间的接口,包括可靠性、可用性、可维修性和可检测性;涵盖了 LSA 和 ILS 功能领域之间的接口,例如供应保障、技术数据服务、特殊工具/测试设备或培训。

此外,S3000L 描述了行业(承包商)和客户之间的接口。在合同协议的基础上,这个规范提供了典型的 LSA 交付物。一个 LSA 过程典型交付物的样例如下:

(1) 考虑了后勤对设计影响的可靠性和可维护的产品;

(2) 节约成本的保障系统;

(3) 后勤产品数据;

（4）ILS 保障产品。

ILS 的功能性要素如图 3.3 所示。

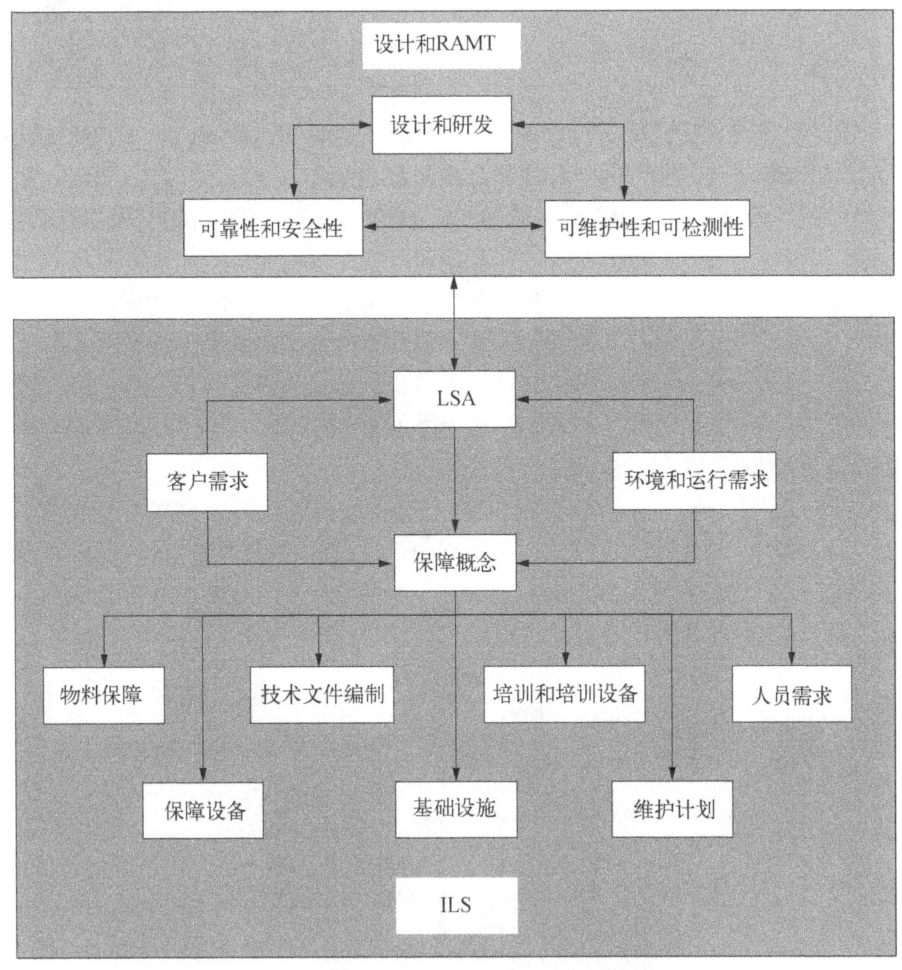

图 3.3　综合后勤保障（ILS）功能性要素

总体来说，S3000L 有如下特点：

（1）S3000L 提供了一个如何在客户参与的情况下建立一个适合 LSA 过程的行动指南；

（2）S3000L 描述了从最初的概念项目阶段到后勤产品生产所有阶段的 LSA 业务过程；

（3）S3000L 描述了如何建立一个合适的系统分解以及如何选择 LSA 的候选项目的行动指南；

（4）S3000L 对于潜在技术/后勤分析活动提出一个概览，并且介绍了如何在一个后勤数据库中以文档方式记录结果；

（5）S3000L 给出了如何对维修和操作任务及相关资源进行文档化的指南；

（6）S3000L 提供了一个基于 ISO 10303 AP239 的 PLCS 数据模型的数据模型。

3.1.5 S4000P

S4000P 的全称为 International Specification for Developing and Continuously Improving Preventive Maintenance，意思是预防性维修开发和持续改进的国际规范，目前最新版本为 ASD、AIA 和 ATA 联合制订发布的，2018 年 8 月 1 日发布的 2.0 版本，是 S 系列综合保障规范之一[28]。S4000P 规范基于民用航空器的应用成果 MSG－3，总结 ASD 的未来战略以及欧洲宇航防务集团等的经验，为海陆空产品制造商及供应商提供统一的分析流程，用于预防性维修任务要求（preventive maintenance task requirements，PMTR）的制订和优化。S4000P 涵盖了飞机全寿命期内计划维修任务的分析活动，在 MSG－3 基本分析流程的基础上，优化了传统的计划维修要求分析流程和方法，提出了服役期间维修优化（In-Service maintenance optimization，ISMO）流程与方法，并提供了一套与 ASD S 系列其他规范数据交换的规则。S4000P 的产生，完善了 ASD S 系列 ILS 规范。完美沟通了设计端、后勤保障分析端（S3000L）、技术出版物端（S1000D）、数据反馈端（S5000F）等技术领域之间的联系，其完整的业务流程如图 3.4 所示。

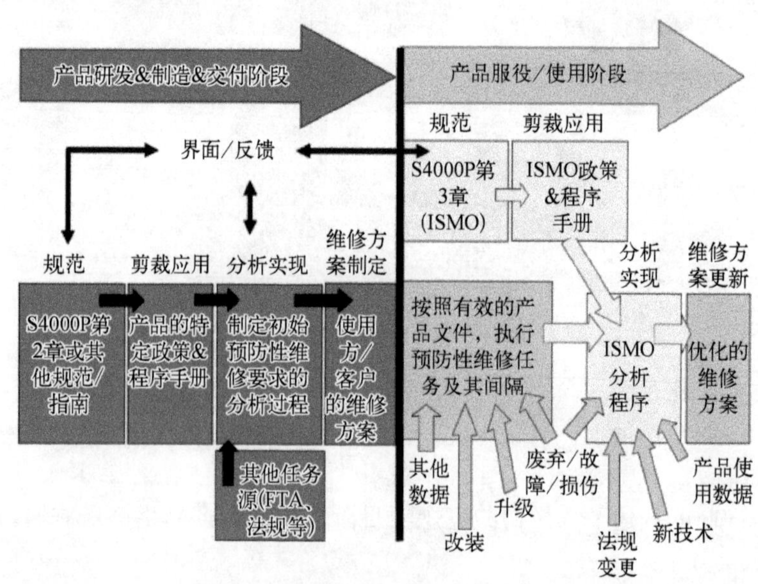

图 3.4　S4000P 完整业务流程

S4000P 共分为 7 个章节，其组成如表 3.2 所示。

表 3.2 S4000P 结构组成

章节	数据模型标题	章节	数据模型标题
Chap 1	规范简介	Chap 4	S4000P 接口
Chap 1.1	目的	Chap 4.1	总则
Chap 1.2	范围	Chap 4.2	S4000P 和 ILS S 系列其他规范的外部接口
Chap 1.3	规范使用	Chap 4.3	S4000P 和 S1000D
Chap 1.4	规范版本变更	Chap 4.4	S4000P 和 S3000L
Chap 2	PMTR 开发	Chap 4.5	S4000P 和 S5000F
Chap 2.1	总则	Chap 4.6	S4000P 和 SX00i
Chap 2.2	计划维修任务需求制订	Chap 5	数据模型和数据交换
Chap 2.3	系统分析	Chap 5.1	总则
Chap 2.4	结构分析	Chap 5.2	数据模型
Chap 2.5	区域性分析	Chap 5.3	数据交换
Chap 2.6	与其他计划维修需求的整合分析和可追溯性	Chap 6	术语和缩略语
Chap 2.7	特殊事件分析	Chap 6.1	总则
Chap 3	优化 PMTR	Chap 6.2	术语
Chap 3.1	总则	Chap 6.3	缩略语
Chap 3.2	ISMO 准备阶段	Chap 7	案例
Chap 3.3	ISMO 分析阶段	Chap 7.1	产品系统分析
Chap 3.4	ISMO 补充阶段	Chap 7.2	政策和程序手册
Chap 3.5	特殊事件 PMTRE 总结		

S4000P 主要包含以下三部分内容。

1）预防性维修要求的制订

S4000P 第 2 章给出了 PMTR 的分析方法，包括两种方法，分别是：重复预定间隔的预防性维修任务要求（preventive maintenance task requirements with repetitive scheduled intervals，PMTRI）和非预定间隔的特殊事件的预防性维修任务要求（preventive maintenance task requirements being applicable after special events without scheduled intervals, PMTRE)。

S4000P 中 PMTRI 的分析流程分为 3 个模块，分别是系统分析、结构分析、区域分析。

系统分析流程以选取分析相关候选项(analyze relevant candidates, ARC)作为起始，选取 ARC 的 4 个判断准则：故障是否影响产品安全性；故障是否有触犯法律或破坏生态的风险；故障是否影响任务或运行能力；故障是否有重大经济性影响。对安全性、法律或生态有影响的直接确定为 ARC，对任务、运行或经济性有影响的由工作组评估确定是否为 ARC。然后对功能故障影响进行类别划分，S4000P 提供了 8 个 FFEC 类别，分别是明显的安全性影响、明显的法律/生态影响、明显的任务/运行性影响、明显的经济性影响、隐蔽的安全性影响、隐蔽的法律/生态影响、隐蔽的任务/运行性影响和隐蔽的经济性影响，分析人员依据准则为 ARC 赋予相应 FFEC 类别，分别开展维修任务的分析。需要说明的是，规范中考虑了健康状态监控技术的应用，将其融合在了分析流程中。

结构分析过程中，首先选取重要结构项目(structural significant item, SSI)，对金属 SSI 进行偶然损伤、环境劣化和腐蚀防护分析，对非金属 SSI 进行偶然损伤和环境劣化分析。与系统分析一样，在维修任务分析过程中也考虑了健康状态监控技术的应用。

区域分析通常要考虑区域的易损伤性、区域内安装设备与项目的密度和复杂性以及区域内维修人员接近频率等影响因素。S4000P 提供了 4 个区域分析模块：标准区域分析模块(ZAM1)、增强区域分析模块(ZAM2)、闪电/高强度辐射场分析模块(ZAM3)和补充分析模块(ZAMX)。其中，ZAMX 的定义取决于各个产品类型及其用户特定的服役使用情况，应根据制造商的调查、相似产品的经验、使用中的表现，局方的要求等，增加 ZAMX 来扩展产品区域分析程序。

另外，S4000P 简要介绍了预防性维修任务组合的原则，如区域检查应考虑将该区域的系统分析和结构分析产生的目视检查任务纳入进来。规范还阐述对其他来源的维修任务与该规范分析产生的维修任务之间的关系，并明确了任务交叉时的协调方式。为了使分析更加完整，规范将特殊事件相关的预防性维修任务的分析单独成节，提供了从特殊事件的识别到系统、结构和区域预防性维修任务选取的整个过程的分析流程。

S4000P 的 PMTRE 分析的目的是能够实现对特殊事件的本身、所影响部件、影响原因的分析以及维修要求的制订，合理有效地实现特殊事件的非预定间隔预防性维修任务的分析。

PMTRE 分析的流程为：确定特殊事件，罗列所有飞机使用阶段可能发生的特殊事件，并估算特殊事件的发生概率，并对特殊事件进行归类；对于与特殊事件相关的所有飞机子系统/部件，确定使用的技术及其熟悉程度，评估使用的技术对损伤的敏感性，并确定技术/损伤评估等级；确定需要考虑的部件，在此步骤应重点考虑那些对特殊事件敏感的部件。例如，特殊事件造成的液体泄漏，如果其影响到的部件是由腐蚀敏感材料制成的，则应对这些部件重点关注；确认受到影响的部件（设备、结构）、功能、功能故障及影响，并根据功能故障的影响程度对其进行分类，如灾难性、危险、非常严重、轻微、无影响等；通过进行维修任务需求分析，确定相应的维修任务。

2）预防性维修要求的优化

S4000P 第 3 章介绍了预防性维修任务的优化方法，即 ISMO。S4000P 的 ISMO 注重了优化阶段细化，将优化分解为准备阶段、分析阶段、跟踪阶段共 3 个阶段。如图 3.5 所示。其中准备阶段的主要工作是进行数据预处理，形成主任务清单（main task list，MTL）。数据包括原始分析报告、工程文件、收集的运维数据、新的分析技术、新的法规等，评估原始任务的适用性与有效性。分析阶段根据运维数据对勤务任务、系统检查任务、到期更换任务、结构检查任务、区域检查任务等详细分析，给出优化结论。跟踪阶段持续监控和分析服役期间的运行数据和维修数据，以验证维修任务对飞机故障的覆盖和控制。

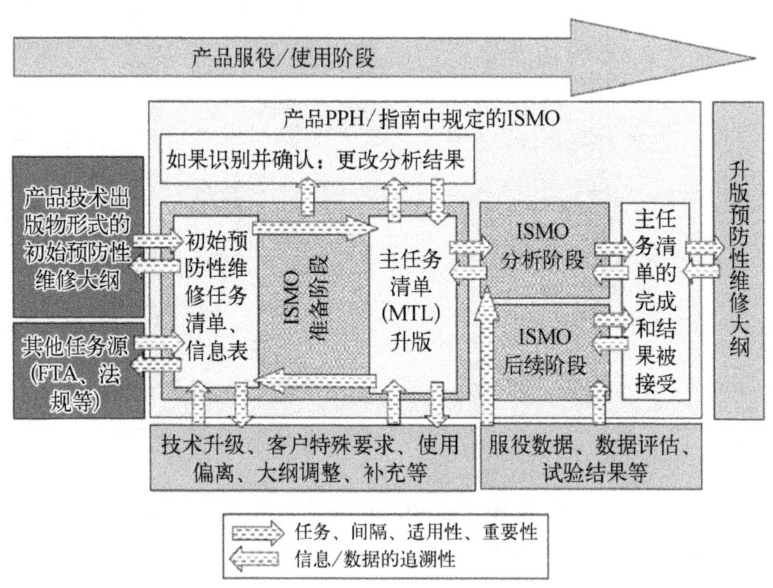

图 3.5　S4000P ISMO 流程

S4000P 中还提供了 PMTRE 的优化方法。目的是从维修任务受影响程度、预前设置的维修任务是否能满足故障诊断和解决的需求以及单个预先设置的维修任务是否具有有效性等方面考虑，进而能够对特殊事件的非预定间隔预防性维修任务的合理性进行判断。

开展 PMTRE 优化主要流程为：在 S4000P 规范特殊事件优化章节内容解读后获取特殊事件分析的有效参考内容的基础上，考虑不同类型特殊事件的特点，以提高维修任务有效性为目标建立特殊事件的非预定间隔预防性维修任务要求优化方法。确定需要分析的特殊事件以及其维修任务，根据以下内容进行维修任务的分析：特殊事件是否影响所分配的维修任务、所分配的维修任务是否能够发现和定位故障以及故障原因、单个维修任务在维修之后是否具有有效性以及是否有额外的维修任务可以使特殊事件的维修具有正确性，形成特殊事件的非预定间隔预防性维修任务要求优化方法。

3）数据交换

S4000P 中第 4、5 章中对数据交换尤其是 ASD S 系列规范之间的接口关系进行了说明，其特点是在 ASD S 系列规范体系中统一数据交换格式，方便 S1000D、S2000M、S3000L、S5000F 一体化集成应用，代表了未来 S 系列规范的应用发展趋势。

详细的数据或数据元素定义在 SX000i 中给出。公共数据模型由数据模型和交换工作组开发。关于数据模型和数据交换在第 5 章中给出。

其中，S4000P 和 S3000L 之间的接口是 S 系列 ILS 规范中必不可少的接口。S4000P 是按照 S3000L 分析活动产生的预防性维护任务要求 PMTR 的任务生成器。

在整个产品生命周期中，两个规范之间的数据交换必须是可能的。如果两个规范之间的接口没有建立或建立不正确，那么产品的综合后勤保障 ILS 会受到负面影响。

S4000P 提供了产品生命周期内 S4000P/S3000L 数据交换的一般信息。

3.1.6 S5000F

S5000F 作为其他 S 系列规范的桥梁，是由 ASD 综合后勤保障规范委员会联合 AIA 共同制订[16]。本节先阐述了 S5000F 编制背景和目的，再针对 S5000F 的主要内容进行了简要介绍。

随着新技术引进和装备日趋复杂，需要对装备运行参数进行实时监测，监控其运行性能，确保装备在全寿命周期内能够以最大效能加以利用。因此，数据反馈作为保障装备全寿命周期安全经济运行不可或缺的重要环节，用以描述利益攸关方相关数据流，通过数据采集及处理流程，执行装备的性能分析，并将其分析结果反馈给利益攸关方，为复杂系统及装备全寿命周期改进设计、运行控制、维修保障等方面提供全方位指导。为了有效指导装备全寿命周期管理，ASD 于 2008 年联合 AIA 共同成立工作小组筹备 S5000F 编制工作，该工作小组主要成员构成如表 3.3 所示。2013 年 12 月，S5000F 规范草案（第 0.1 版本）在工作小组内部公布，供组内成员组织和公司的专家参阅并提出改进意见；2014 年 6 月，该小组向公众发布了第二份规范草案（第 0.2 版本），更广泛地征集建议加以完善 S5000F；2016 年 3 月，依据收集的建议和意见，第三份规范草案（第 0.3 版本）正式发布；规范编制工作组历经多年改进完善迭代流程，于 2016 年 9 月正式公布了 S5000F 规范正式版（第 1.0 版本）。

表 3.3　S5000F 编制工作小组成员

成员公司	国　　家	成员公司	国　　家
AgustaWestland	United Kingdom	ESG	Germany
Airbus Defense and Space	Spain (former Airbus Military) and Germany (former Cassdian)	OCCAR	European (based in Germany)
Andromeda Systems, Inc.	USA	Rolls-Royce	United Kingdom
Boeing	USA	Saab AB	Sweden
Dassault Aviation	France	UK MoD	United Kingdom
Bundeswehr	Germany		

数据反馈是装备全寿命周期安全经济运营的重要支持手段，S5000F 旨在通过运行数据分析反馈，使制造商、运营商、维修商、供应商等利益攸关方对装备运行和维护性能进行透彻分析，用以指导装备改进设计和 ILS，提高整体运行性能，降低运营支持成本。此外，在役数据分析结果可以应用于如下几个方面：加强维护和支持的概念和理念；通过改进活动提升产品性能；指导和完善运行计划。

S5000F 总体预期目标是提高装备和产品的可用性，优化整体运行效能，该规范可单独使用或与其他 S 系列 ILS 规范联合使用。S5000F 在装备全寿命周期管理中占据重要地位，其主要作用是作为 ASD 其他 S 系列规范的媒介，对装备运行数据进行采集与处理，实现装备运行过程中相关分析，并将数据和结果反馈给其他 S 系列 ILS 规范，用以指导装备全寿命周期的性能分析、优化改进、维修工程分析等一系列活动，保障装备安全可靠经济地运行。

S5000F 描述了数据反馈的基本流程、运行过程中所需执行的活动以及所需的数据信息，为装备数据采集与处理、运行性能分析、维修保障提供可行思路，为复杂系统和产品全寿命周期管理体系完善提供建设性方案。该规范内容共包括 20 章，其组成结构如表 3.4 所示，表中 RAMCT 表示可靠性、可用性、维修性、功能性和测试性。

表 3.4　S5000F 组成结构

章节号	章节标题	章节号	章节标题
Chap 1	规范使用介绍	Chap 11	综合产品群管理数据反馈
Chap 2	运行数据反馈业务流程	Chap 12	配置管理数据反馈
Chap 3	RAMCT 分析数据反馈	Chap 13	服务合同管理数据反馈
Chap 4	维修分析数据反馈	Chap 14	非预定义信息反馈
Chap 5	安全性数据反馈	Chap 15	数据模型
Chap 6	供应保障数据反馈	Chap 16	数据交换
Chap 7	寿命周期成本分析数据反馈	Chap 17	数据元素
Chap 8	担保分析数据反馈	Chap 18	S5000F 剪裁
Chap 9	产品健康与使用监测数据反馈	Chap 19	不同用例所需数据
Chap 10	报废管理数据反馈	Chap 20	术语和缩略语

结合 S5000F 20 个章节内容，依据各章节之间的关系和联系，对该规范进行全方位解读，用以指导装备和产品全寿命周期管理活动。S5000F 各章节之间的关系和联系如图 3.6 所示。由图 3.6 所示，本章按照“总-分-总”模式，即从 S5000F 使用

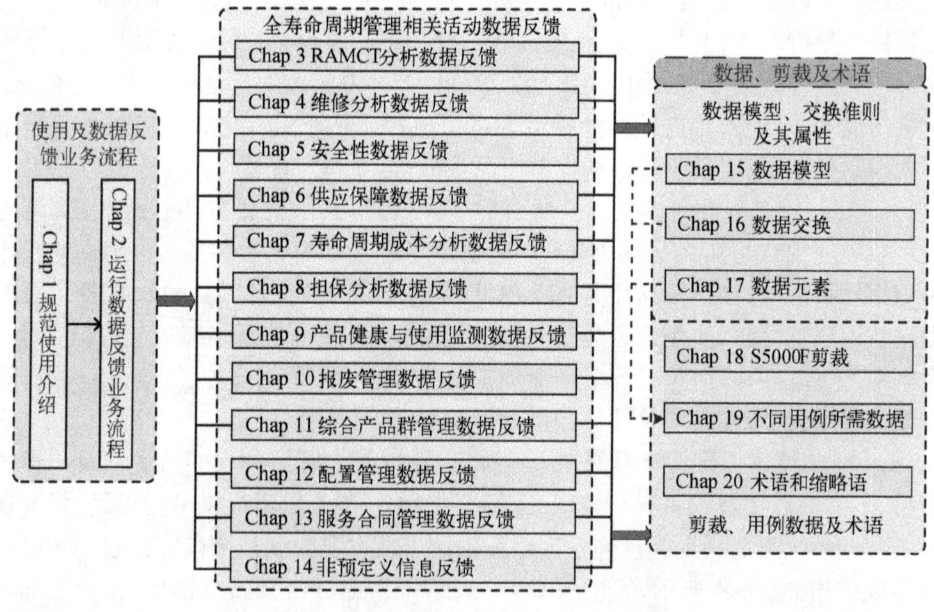

图 3.6　S5000F 各章节之间的关系和联系

及数据反馈流程，全寿命周期管理相关活动数据反馈，以及数据、剪裁及术语（包括数据模型、交换准则及属性和剪裁、用例数据和术语）三个方面，对 S5000F 内容进行介绍。其中，S5000F 使用及数据反馈流程涵盖规范使用介绍和运行数据反馈业务流程 2 章内容，全寿命周期管理相关活动数据反馈涵盖 RAMCT 分析数据反馈至非预定义信息反馈 12 章内容，数据、剪裁及术语涵盖数据模型至术语和缩略语 6 章内容。

1. S5000F 使用及数据反馈业务流程

第 1 章“规范使用介绍”针对 S5000F 适用范围进行了介绍，明确了该规范主要用于运营商、制造商、维修商等利益攸关方之间传递和反馈产品运行信息。数据反馈贯穿于涵盖产品设计、制造、运行、服务等各阶段全寿命周期，其工作重点是产品运行和服务阶段的数据反馈，同时也可为产品其他阶段数据反馈相关工作提供支持。

基于 S5000F 的数据传递与反馈框架如图 3.7 所示。由图 3.7 可知，基于 S5000F 数据交换的具体流程为：依据研究对象，结合客户/用户使用过程中获取的数据信息，将其按照 S5000F 要求传递并集成到制造商、供应商、维修商等构建的使用数据库，进而联合其他 S 系列 ILS 规范实现装备和产品的性能分析、设计改进、维修保障等，并将其反馈到客户/用户的使用数据库，为其全寿命周期管理提供借鉴。

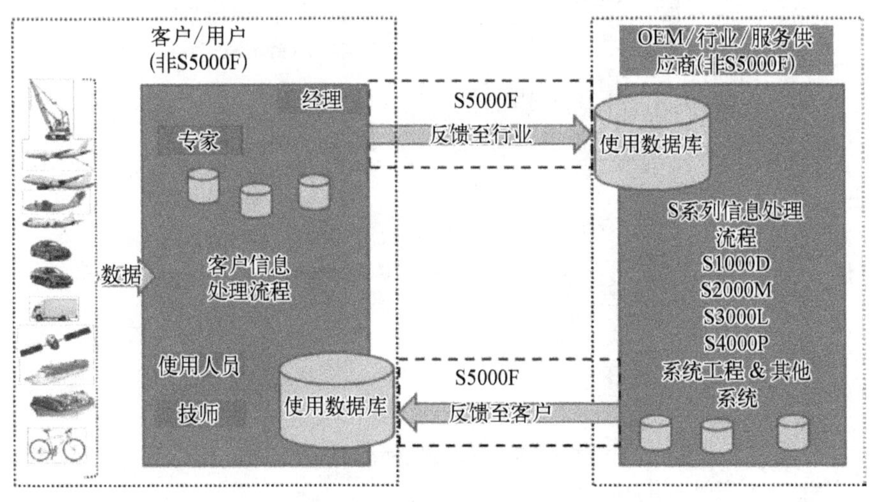

图 3.7　S5000F 的数据传递与反馈框架

此外，该章还给出了 S5000F 在运行和服务阶段相关活动以及与其他 S 系列 ILS 规范相关活动之间的关系。基于 S5000F 中涉及的相关活动采集数据，对数据进行处理、清洗并存储在使用数据库，依据数据交换规则由 S5000F 信息分发网关反馈给工程设计、后勤保障等部门；工程设计部门依据反馈信息实现装备和产品的改进设计，优化运行效能；而后勤保障部门依据反馈信息并结合其他 S 系列规范实现装备和产品全寿命周期管理，结合 S3000L 规范建立 LSA 数据库，进而参照 S1000D、S2000M 和 S4000P 规范，分别进行技术出版物编制、航材供应保障、维修任务制订与优化等研究。

第 2 章“运行数据反馈业务流程”概述了 S5000F 数据反馈业务框架，主要包括运行数据反馈过程以及运行数据采集流程。其中，运行数据反馈过程如图 3.8 所示，涵盖准备、定义、说明、数据处理和分析 5 个阶段，图中浅色框为相关技术任务，深色框为合同任务，该过程是以有效和标准化的方式支持数据采集，从不同的运营人接收数据进行分析处理，使参与者进行装备和产品性能分析，旨在通过数据传递支持运营需求；运行数据反馈流程如图 3.9 所示，流程包括指导会议、合同拟定、定义相关分析、定义请求数据元素、定义反馈利益攸关方、定义数据反馈格式、请求的数据规范、合并的数据库规范、数据访问规范、数据传输规范、数据生成、数据收集、数据准备、执行分析、生成结果、分配结果、审查会议和更新流程 18 个流程，其中指

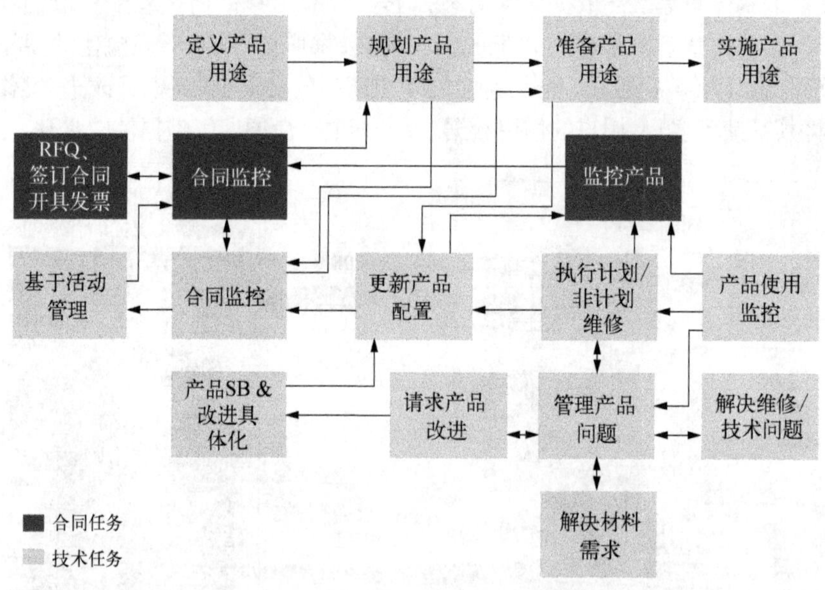

图 3.8　运行数据反馈过程

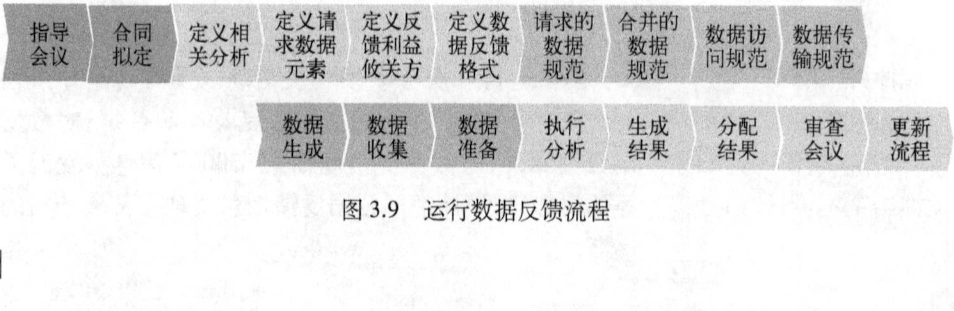

指导会议 → 合同拟定 → 定义相关分析 → 定义请求数据元素 → 定义反馈利益攸关方 → 定义数据反馈格式 → 请求的数据规范 → 合并的数据规范 → 数据访问规范 → 数据传输规范

数据生成 → 数据收集 → 数据准备 → 执行分析 → 生成结果 → 分配结果 → 审查会议 → 更新流程

图 3.9　运行数据反馈流程

导会议明确数据采集需求并执行相关准备工作，准备工作包括全局分析策略、运行数据初步需求、初步分析任务、替代方案和权衡分析、分析工作评估等。

2. 全寿命周期管理相关活动数据反馈

第 3 章“RAMCT 分析数据反馈”介绍了 RAMCT 分析收集数据涉及的常见活动、基本定义和基本数据。可靠性、可用性、维修性、功能性和测试性是装备和产品的五大性能特征，其关系如图 3.10 所示，测试性直接关系到维修性，维修性和可靠性直接决定了装备和产品的可用性，而可用性是衡量装备和产品功能完善与否的关键。此外，五大性能特征影响装备和产品全寿命周期的安全性、经济性等方面。RAMCT 分析数据反馈涉及可靠性、可用性、维修性、功能性和测试性分析活动，以及相关活动所需数据类别，本节仅以可靠性为例进行说明。可靠性分析的目的是结合数据监测装备和产品的可靠性，识别失效模式、原因和机制，预测可靠性发展趋势，最小化维修间隔和支持后勤供应保障，指导产品改进设计、优化运行计划及新型号研制。关于运行可靠性分析方法，本章给出了适用于结构系统层面的工程分析方法，如仿真、Pareto、故障树分析、FMECA、Markov 等，其中部分方法及分析流程可以参照 SAE ARP 4754A 和 SAE ARP 4761[29,30]。

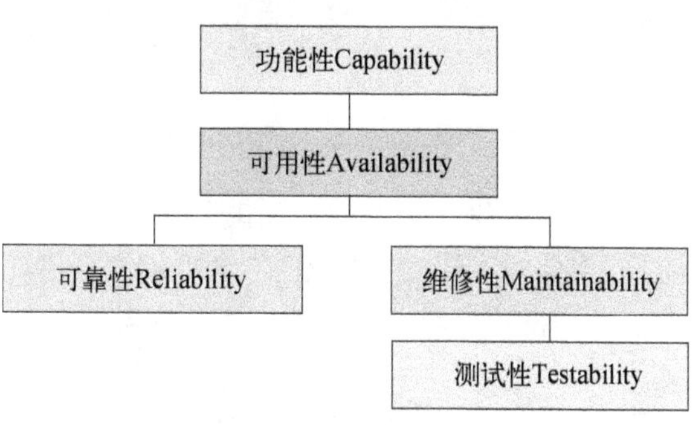

图 3.10 RAMCT 之间的关系

第 4 章“维修分析数据反馈”定义了维修数据反馈过程，其目的是为维修数据传递和交换提供参考，实现装备和产品全寿命周期维修管理，提升维修保障能力。维修活动旨在保持或恢复某个项目或使其能够执行其所需功能的状态的行动，通常有计划和预防性维修以及非计划维修两大类，这些为维修活动对于确保装备和产品的安全性、可靠性、舒适性和使用寿命至关重要。维修基础数据是执行装备和产品全寿命周期分析及维护装备和产品性能所必需的基本信息，通过这些信息收集处理和分析，可将得到的结果反馈到利益攸关方，优化维修活动，提升签派可靠性和安全性，降低运营支持成本。

第 5 章“安全性数据反馈”用于捕获影响装备和产品安全性的事件信息，并涵盖了向制造商和维修商反馈分析结果，提供安全问题的底层诱因和安全问题的解决途径。安全性数据反馈的目的是试图通过数据分析装备和产品在任何阶段(从概念设计直至退役)发生的事件或潜在危险，将其反馈给利益攸关方并及时做出应对策略，进而保障装备和产品全寿命周期的安全性。安全性数据反馈最终目标是向利益攸关方报告影响装备和产品的安全事件和造成安全事件的根本原因，其涉及的重要组织和安全事件来源以及数据反馈参与者如图 3.11 和图 3.12 所示。由图可知,装备和产品安全性事件来源于全寿命周期多项活动,且相关数据传递与反馈过程中涉及多个对象,即运营商、供应商、维修商等利益攸关方。

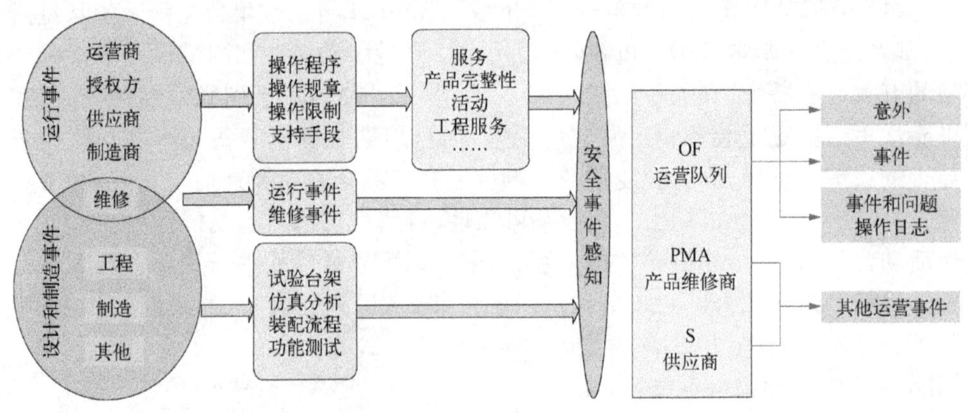

图 3.11 重要组织和安全事件来源　　图 3.12 安全性数据反馈参与者

第 6 章“供应保障数据反馈”通过供应保障相关数据支持供应保障策略方面的工作,在保障可用度的前提下,合理规划备件库存数量,实现物流链管理,最大限度地提升资产可用性,同时最大限度地降低运营支持成本。供应保障作为产品支持策略的 ILS 要素之一,其目的是规划采购和及时供应装备和产品维修所需的备件,以合理的维修设备和工程人员支持产品正常运行,最小化生命周期成本。供应保障数据是实现装备和产品全寿命周期维修保障管理的重要信息,通过相关数据采集处理和分析,可为运营过程中的支持策略制订提供参考,在满足持续适航的要求下,使装备和产品能够安全经济地运行。

第 7 章“寿命周期成本分析数据反馈”主要着眼点在于装备和产品全寿命周期中成本分析并实现成本数据信息的反馈。寿命周期成本分析主要包括的内容有成本要素定义,识别各阶段的成本要素及全寿命周期成本计算。成本数据不仅可用于服务阶段的维修费用估算和评估维修方案,还可用于后续供应保障费用的优化,改进维修策略,指导航材配置。此外,在充分了解实际运营情况下用以支持决策者预测未来的成本,管理现有预算并进行决策分析,为有效调动资金奠定了基础。寿命周期成本分析数据是有效衡量装备和产品全寿命周期费用的基础,为有效指导全寿命周期成本研究,本章详细介绍了分析过程中所需的数据类型,并结合 S3000L 规范中的成本分析模型,实现装备和产品的运营支持成本计算。

第 8 章“担保分析数据反馈”对产品担保内容合理性和管理缺陷进行了分析,主要内容和目的为:记录系统故障并实施隔离措施,确定故障是否在担保范围内;研究费用成本、实际补偿费用、故障费用数据交换等活动,为收集成本信息提供可行路径；记录超出保修范围故障，识别不合理的担保项目等，分析担保内容的合理性；通过组件故障率是否超过预算损失率评估、有效识别风险项目；通过利益攸关方之间的沟通管理改进担保分析，提高担保制订流程和规则。产品担保分析是利益攸关方之间的博弈过程，其反馈过程如图 3.13 所示，产品出现故障时，运营商结合担保内容和附加信息（故障原因、故障数据）形成文件提交给制造商，而制造商则依据合同有效性进行检查，确定是否在担保范围，如果属于担保范围则接受申请，交由维修商进行维修；如果不属于担保范围则拒绝申请，并将最终决定反馈给运营商，由运营商内部决定是否提供新的支撑文件说服制造商接受担保服务。

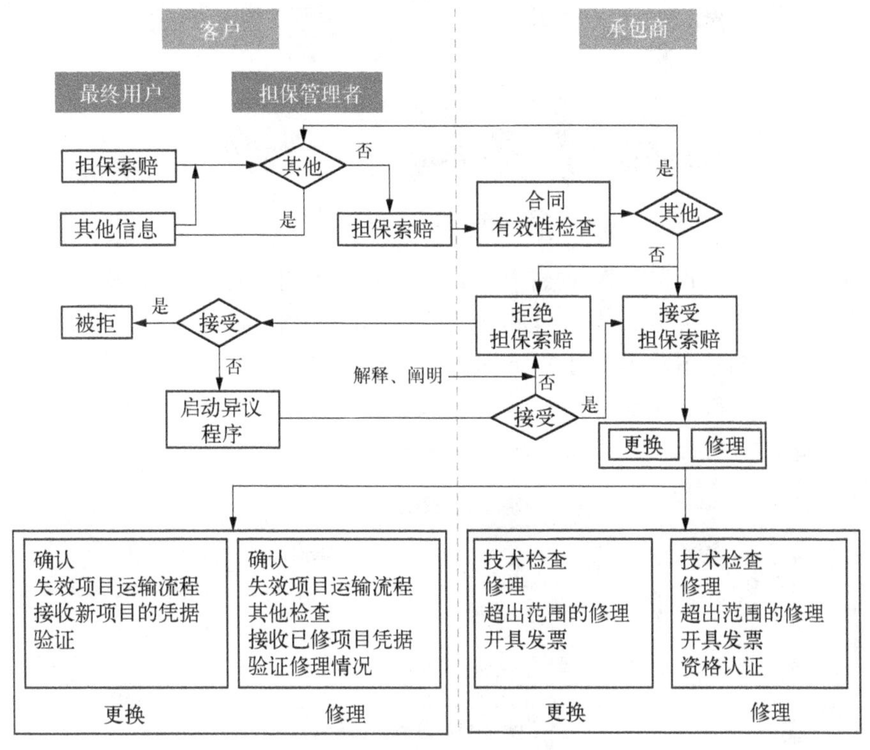

图 3.13　担保分析数据反馈流程

第 9 章“产品健康与使用监测数据反馈”介绍了收集和反馈健康及使用监测数据所涉及的常见活动、基本定义和基本数据字段。产品健康和使用监控是结合数据收集和分析技术，用来确保和改进可靠性、可用性和安全性，提升产品的整体性能。产品健康和使用监控依据利益攸关方的需求，即监控产品的部位、监控措施、采集数据、数据提取、报告数据、验证数据、数据分析传输、数据访问等，结合数据输入、存储、传输、分析等流程，实现产品运行监控、故障诊断、性能预测，最终实时反馈产品的运行状态，进而确定 ILS 需求，保障产品安全性，降低维修成本。

第 10 章"报废管理数据反馈"针对全寿命周期报废管理相关活动和数据进行了说明。报废管理作为影响装备和产品设计、制造、运营和服务阶段安全性和经济性的重要环节,是确保全寿命周期得到合理支持的必要流程,其对于在整个产品寿命周期内实现最佳成本效益至关重要。为了最大限度地降低因报废产生的成本和影响,在整个生命周期必须建立一个适用的报废管理流程,如图 3.14 所示。

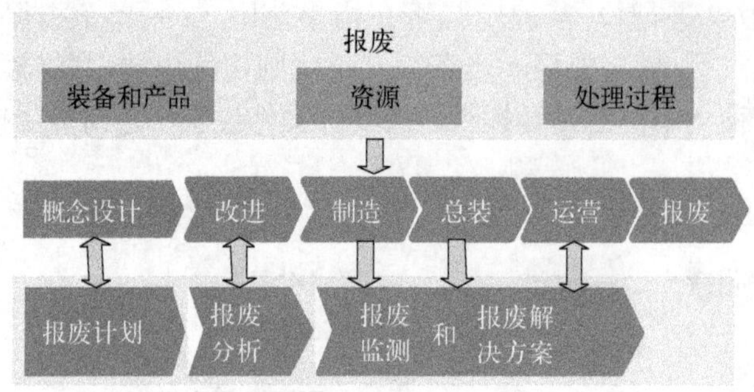

图 3.14　报废管理流程

第 11 章"综合产品群管理数据反馈"概述了综合车队管理流程以及所需的数据,同时考虑到必要的维护、产品配置和满足运营需求的所有可用性因素,用以规划产品运营满足产品的可用性和功能性,同时适用于利益攸关方单个和多个产品运营综合管理。综合产品群管理流程如图 3.15 所示,由图可以看出,其流程主要包括产品需求管理、产品使用、运行管理、产品管理、产品维修、产品设计、供应支持等。

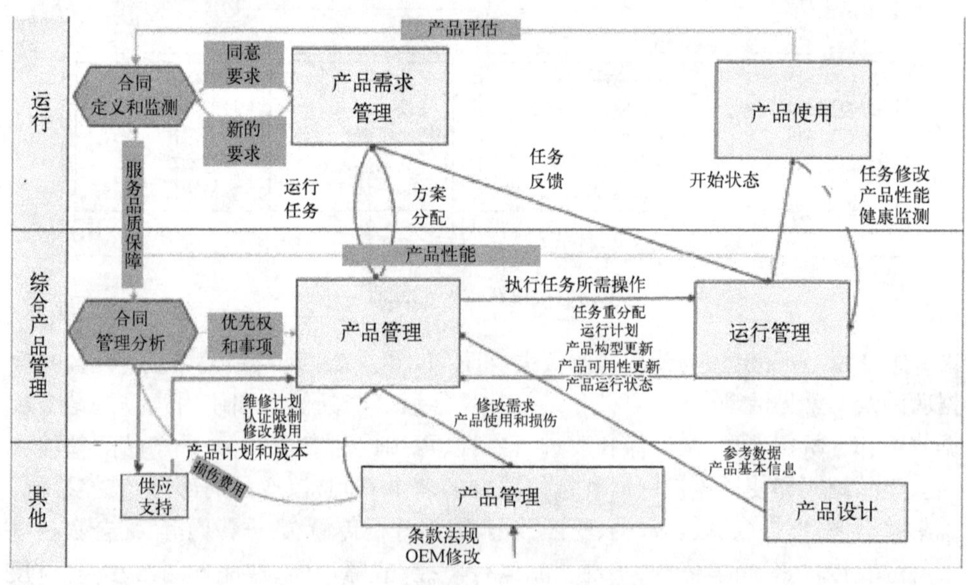

图 3.15　综合产品群管理流程

第 12 章“配置管理数据反馈”提供了不同产品配置管理方面的必要信息和所需的必要信息，其目的是确保产品安全可靠地运行以及符合产品相关法规（如适航法规）要求。配置管理数据是执行产品全寿命周期配置管理的基础信息。此外，配置管理数据传递与交换涉及制造商、运营商、维修商等，其数据反馈流程如图 3.16 所示。由图可知，制造商主要负责功能配置，运营商职责是操作和运行，而维修商进行维修维护。其中，与可靠性相关的为交付配置和升级配置，交付配置是制造商在交付给运营商的产品配置，升级配置是由 OEM 提供的允许配置演变而来。

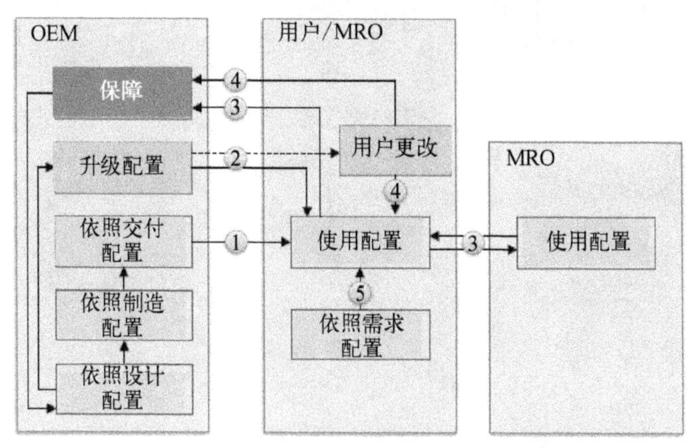

图 3.16　配置信息反馈流程

第 13 章“服务合同管理数据反馈”主要是围绕基于效能的物流（performance based logistics，PBL）管理，对服务合同中不同参与者之间信息交换的必要数据进行定义，其目的是支持装备和产品全寿命周期服务合同管理。PBL 类型合同涵盖运营商和供应商之间基于物流指标的长期合作协议（如服务合同），关注的是运营商的需求，即拥有一个可操作、可靠、有效的系统，以合理的成本将物流成本降至最低。

第 14 章“非预定义信息反馈”主要针对 S5000F 未定义的数据范畴问题，补充了相关需求的数据信息，明确了非预定义信息为结构化和非结构化数据两大类，用以支持装备和产品全寿命周期管理。其中，非预定义结构化数据是指涵盖了数据元素的数据结构，虽然不是该规范的一部分，但是与数据反馈过程密切相关；非预定义非结构化数据是指与操作和维护相关的信息，由于这些数据自身的性质，无法将这些数据信息进行结构化。

3. 数据、剪裁及术语

1）数据模型、交换准则及属性

第 15 章“数据模型”定义了一个通用的数据模型—公共数据模型（common data model，CDM），用以指导装备和产品全寿命周期管理中相关业务流程的数据交换和反馈。CDM 是 S 系列 ILS 规范的核心,其为所有规范之间的互通性提供了有效途径。在不影响数据完整性的前提下,CDM 结合功能单元(units of functionality, UoF),将整个数据拆分为多组较小的数据模型,用以简化整个数据模型,方便数据交换和反馈流程。此外,针对装备和产品全寿命周期管理活动中所需的 UoF 进行了详细说明。

第 16 章"数据交换"制订了基于 XML 模式数据交换准则,为数据交换实施提供了可行的指导策略,处理的数据结合 UoF 及 CDM,并依据相关数据交换准则可以反馈给其他 S 系列规范用于相关分析。此外,本章给出了 ASD XML 模式与 PLCS 映射关系如图 3.17 所示。

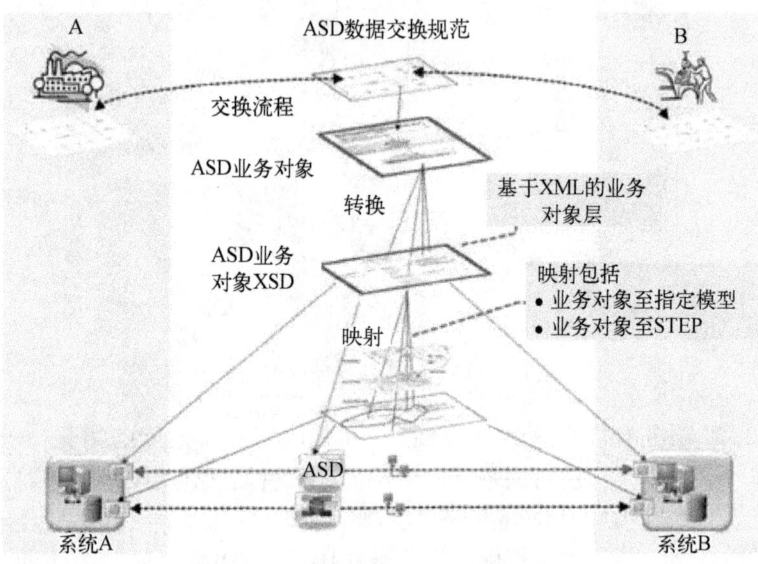

图 3.17　ASD XML 模式与 PLCS 映射关系

第 17 章"数据元素"针对 S5000F 装备和产品全寿命周期管理相关活动数据模型涉及的所有数据元素进行了定义,主要包括数据元素名称、类型、文本及有效值、类/接口名称、UoF 等。

2）剪裁、用例数据和术语

第 18 章"S5000F 剪裁"主要用于指导不同使用者依据该规范针对不同的装备产品制订适用于工程实际的指导性文件,提供利益攸关方之间的相互交流和沟通途径,有效提高装备和产品全寿命周期管理质量。

第 19 章"不同用例所需数据"针对 S5000F 第 15 章中描述的数据模型涉及的数据类别和数据元素与其他章节中描述的用例之间的映射,目的是快速确定装备和产品执行全寿命周期管理活动所需信息。

第 20 章"术语和缩略语"对 S5000F 涉及的术语进行了定义以及说明了该规范中相关的缩略语含义,以便能够使使用者准确定位相关术语和缩略语含义,统一规范使用流程和行业认知。

3.1.7 S6000T

S6000T 用于定义各层级的分析和设计,以便于交付相关的和有效的产品培训。S6000T 基于分析(analysis)、设计(design)、发展(develop)、执行(implement)到评估(evaluate)的 ADDIE 模型。S6000T 的范围包括分析、设计、开发、实施和评估模型的各个方面。但是,S6000T 的初始版本仅涉及信息收集、分析和设计。

S6000T 遵循 ISD 过程,ISD 过程涉评估和开发为正式培训而设计的解决方案,主要使用 ADDIE 模型。ADDIE 模型由五个阶段组成,参见图 3.18。

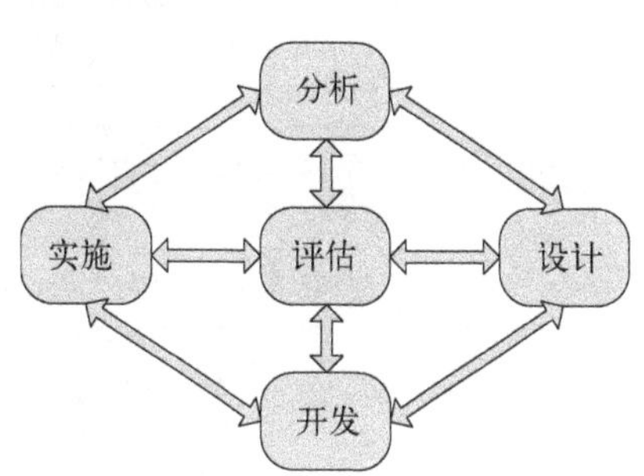

图 3.18 ADDIE 模型

ADDIE 是关于课件开发方法的五个阶段的术语。

(1) 分析阶段:分析阶段决定哪些内容需要培训。第一步需要决定是否存在培训问题,然后确定可能的解决方案。之后的一系列过程和分析模型用于识别关键的任务,同时确定标准、条件、绩效测量和其他执行任务所需的关键指标。

(2) 设计阶段:教学设计建立在分析阶段的结果上。在这个阶段,教学设计者开发学习目标、测试方案和测试项目,同时设计操作指南。教学方法也是在这个阶段开发的。选择教学的方法和媒介也被选择和确定。设计阶段的成果是培训课程。

(3) 开发阶段:教学开发建立在设计阶段的结果上。在开发阶段,供学生和教师使用的课程材料、单元训练、练习和其他教学材料被开发出来。在设计阶段选择的媒介也在这个阶段被生产出来。

(4) 实施阶段:教学系统设计开发完成后,正式评估验证活动完成后,教学系统被实施和使用。

(5) 评估阶段:评估是一个持续的过程。该过程在分析阶段开始,贯穿于教学系统开发和生命周期全过程。为保证现场教学系统的质量,内部和外部的评估,需要提供必要的周期性反馈。

S6000T 是一个国际规范,旨在涵盖为产品提供培训信息的全部过程和程序。当前版本的 S6000T 所涵盖的培训信息包括:信息收集、分析和设计。

稍后发行的 S6000T 将涵盖:开发、实施和评估。

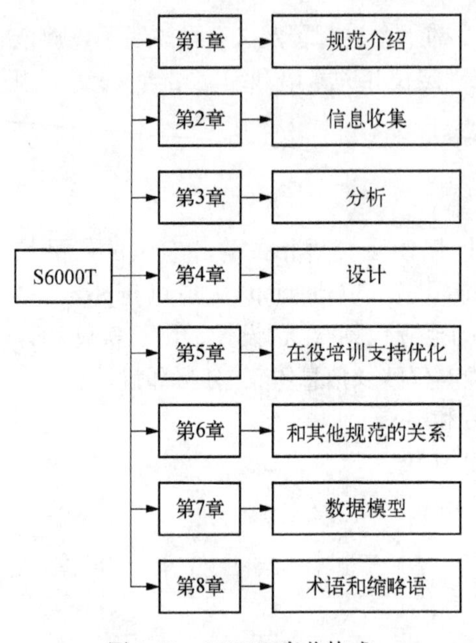

图 3.19 S6000T 章节构成

S6000T 分为 8 个主要章节,内容结构如图 3.19 所示。

第 1 章介绍 S6000T,并给出如下信息: 目的;范围;如何使用 S6000T 和该规范的构成;如何申请对该规范的变更。

第 2 章给出收集信息的一般程序,并同时给出如下信息: 有关收集的一般信息;通过面试收集信息;利用现有信息收集信息;利用知识和经验收集信息;从在役反馈中收集信息;使用数据模型从其他 S 系列规范收集信息。

第 3 章给出了分析程序,并给出如下信息: S6000T 中使用的分析程序和过程的一般介绍;培训情况分析: 确定培训需求和可能的解决方案;任务的工作分析: 定一个单元的任务,所有指定的、隐含的和支持的任务,以及完成这些任务所必须执行的所有集体任务;分解、组织和描述工作以建立培训需求;确定支持这些工作的所有集体和个人任务;任务选择: 分析确定的任务,以确定哪些需要培训;任务分析: 将任务分解为更小、更易于管理的部分,以确定所需的知识、技能和态度;培训策略: 确定获得所需知识、技能和态度的策略;业务对象: 与 S6000T 分析阶段相关的最重要业务对象的列表。

第 4 章详细介绍了设计新的培训课程的程序和过程。如: S6000T 中使用的设计过程的一般介绍;确定目标受众: 收集和分析目标受众的信息,以设计教学计划;进行学习分析: 根据知识、技能和态度对实际绩效进行差距分析,并获得期望的绩效;制订学习目标: 确定学生在培训中应了解的内容;制订评估策略: 确定用于衡量学员满足学习目标中所述要求的能力的方法;确定教学策略和方法;媒体选择: 选择提供培训内容的方式;顺序学习目标: 收集学习目标,然后按有效的学习顺序排序;培训系统备选方案分析: 用于分析备选培训解决方案的结构化流程,以确定适合情况的最佳培训解决方案;设计媒体: 最合适和最具成本效益的媒体类型;培训系统功能需求: 确定培训系统必须能够执行的操作和活动;制订课程大纲和教学计划;业务对象: 与 S6000T 设计阶段相关的最重要业务对象的列表。

第 5 章介绍了改进在役培训的过程。包括: 在役培训支持优化(In-Service optimization of training support,ITSO): 反馈过程的一般描述;ITSO 优化培训支持的准备：确定有效培训支持的分析基础是否仍然相关、正确和最新，并遵循在役反馈；ITSO优化培训支持分析：对交付的培训产品进行详细分析，以确认它们仍然相关、正确和最新，并遵循在职反馈。

第6章描述了S6000T与其他规范之间的关系，与其他S系列规范的一般关系，以及对未来版本的简要说明。

第7章及其子章描述了S6000T数据模型。

第8章是术语表和缩略语列表。

3.2 S系列数据交换规范

3.2.1 SX000i

SX000i是S系列综合后勤保障ILS规范应用的国际指南[31]。

在S系列ILS规范的开发过程中，不同的工作组提出顶层规范的需求，以确保所有规范的ILS过程的兼容性和共性。2011年，决定开发、发布和维护本ILS指南，为所有其他的ILS规范提供一个共同的ILS过程。SX000i的开发被ILS规范委员会视为达到ILS规范愿景的一个基础步骤。

2011年6月，SX000i WG工作组成立，SX000i规范开始开发。现在的标题-S系列ILS规范应用的国际化指南，由ILS规范委员会在2012年6月批准。

在SX000i工作组成立后，2011年10月，又成立了ASD/AIA数据模型和交换工作组(DMEWG)。DMEWG和SX000i WG紧密协作，使得各规范间的数据需求被和谐地整合到一个条理清晰的数据模型中。

SX000i的发布，持续的DMEWG协调活动，使S系列ILS规范的愿景更能达成。该愿景即在产品和服务的生命周期中，应用一套公共的后勤保障过程，来保证数据安全地共享和交换。

SX000i提供了ILS规范的使用指南，包括：说明S系列ILS规范的愿景和目标；提供描述整体ILS过程和交互框架；解释S系列ILS规范与其他标准领域如何接口，这些领域包括项目管理、全球供应链管理、工程制造、安全、构型管理、质量、数据交换和集成、生命周期成本；SX000i为S系列ILS规范定义了公共的ILS接口需求。ISO 10303-239和其他ISO/EN基线文档提供的活动模型和信息交换能力，也被吸收到了SX000i的开发中；在具体的客户或产品中如何正确地裁剪或选择相应规范以满足具体的业务需求，SX000i同样提供了使用指南。

SX000i可以作为任何想使用S系列ILS规范的潜在用户或新项目的一个起点，也可以作为国际化的ILS社区的所有成员在其致力于S系列ILS规范在已有项目中的推广应用的一个总体文档。

SX000i 共划分为 5 章。

第 1 章是本规范的简介。

第 2 章是综合后勤保障框架。本章描述了产品生命周期各阶段,与产品开发和支持相关的标准化领域,参与产品开发与支持的利益相关者的角色和责任等,还提供了对整个产品生命周期的检视、系统工程中 ILS 的作用、ILS 元素的识别。提供了一个整体流程,包括每个 ILS 元素和在 ILS 元素之间需要交换的信息的描述,也提供了如何裁剪 ILS 流程来满足具体的业务需求的指南。

第 3 章是如何在一个 ILS 项目中应用 S 系列 ILS 规范。本章说明了 S 系列 ILS 规范和整体的 ILS 过程和元素的关系,以及如何在 ILS 项目中使用这些规范。通过把 ILS 规范映射到具体的 ILS 元素,来支持整体的 ILS 流程,也提供了 ILS 规范与其他标准化领域的接口,还提供了 S 系列规范 ILS 元素和活动的详细映射。提供了如何使用具体的条件来选择合适的 ILS 规范,如规范的版本号、互操作能力、客户需求、业务需求、工具需求。也描述了实现 ILS 规范的考虑,包括组织架构、人力资源、技能、工具有效性、数据交换方法、数据集成标准、必需的 IT 基础设施的建设标准等。

第 4 章:章节号保留,但该章节内容已移至 ILSC－2018－001 中。

第 5 章:术语、缩略语、首字母缩略词。以列表的形式,列出了本规范中使用的主要术语的定义。

第 6 章:规范用语对比。本章提供了 SX000i 和其他国际化及军方规范之间,有关术语定义、生命周期阶段和 ILS 元素的对比,以使用户能更好地理解其深层理念。这些其他规范有:NATO AAP －20 规范、US DoD Instruction 5000.02 规范、NASA SP －2007－6105 Rev 1 规范、UK MoD Acquisition Operating Framework(AOF)规范、OCCAR OMP1 规范、ISO/IEC TR 19760:2003 规范、Wikipedia(Based Blanchard and Fabrycky)规范。

3.2.2 SX001G

S 系列综合后勤保障 ILS 规范术语表规范(Glossary for the S-Series ILS Specifications,SX001G)目前最新发布版本是 2.0。本规范列出了所有 S 系列 ILS 规范的术语及其定义[32]。

本规范分为 2 章。第 1 章是对本规范的简介,第 2 章是术语表,按英文字母顺序共划分为 26 节,采用了所有术语必须以字母开头的规则,因此取消了早期版本中的数字开头的术语章节。

规范的目的是为在各个 S 系列 ILS 规范中用到的术语提供一套统一的和一致的术语及其定义,包括业务术语、数据项术语。业务术语包括那些对理解 S 系列

ILS 规范至关重要的概念。数据项术语包括 S 系列 ILS 规范数据模型中定义的那些数据元素。

每个术语由以下几项组成。

1）Term(必须)

术语本身。

2）Definition(必须)

对术语的含义或概念的正式说明。定义要确定,区分,明确。

术语定义的标准模式包括：术语本身、术语所属的概念和对象的类和能把本术语与其他类区分开来的那些关键特征。

3）Type(必须)

大多数术语要么是 UML 类型,要么是 SX002D CDM 的类和属性。来自 CDM 的术语类型冠以前缀 CDM,来自 UML 的术语类型冠以前缀 UML。

这些类型有：

(1) Acronym -缩略词;

(2) Business Term;

(3) CDM AuthorizedLife;

(4) CDM ClassificationType;

(5) CDM DateType;

(6) CDM DescriptorType;

(7) CDM exchange stereotype;

(8) CDM IdentifierType;

(9) CDM Organization;

(10) CDM PropertyType;

(11) CDM select stereotype;

(12) CDM SerialNumberRange;

(13) CDM Unit of Functionality;

(14) UML Abstract class;

(15) UML attributeGroup stereotype;

(16) UML char;

(17) UML Class;

(18) UML compound Attribute stereotype;

(19) UML double;

(20) UML extended stereotype;

(21) UML int;

(22) UML interface;

(23) UML primitive stereotype;

(24) UML relationship stereotype。

4) Reference(可选)

本术语定义中用到的相关术语的链接。

5) Note(可选)

对术语的补充说明,帮助表达术语的含义及其用法。

6) Example(可选)

举例说明此术语。

7) Source of the definition(可选)

说明该术语在 S 系列 ILS 规范之外的某个规范中已经被定义过,此处只是重用。

3.2.3 SX002D

SX002D 是 S 系列 ILS 规范的公共数据模型,目前发行版本是 2.0[33]。

SX002D 规范共分为 3 章。第 1 章是本规范的简介,第 2 章是核心对象定义,第 3 章列出了所有的 UoF 定义。

SX002D 规范包括在两个或更多 S 系列规范中共用的数据元素的概念化定义。只在某一规范内部会用到的数据元素,不在本规范中定义。

SX002D 主要是为了协调各规范的数据建模活动,并利用 UML 语言,把这些公用的数据需求整合为一套统一的数据模型。为达成此目标,本规范建立了一组基本对象类型,这些对象类型作为基本组件被用于 S 系列规范的数据模型定义中。

SX002D 代表了所有 S 系列规范中公用的一致化的术语和模型,而不是各 S 系列规范中那些个性化的术语或模型。本规范的目标是让 S 系列规范未来采用这套统一的 CDM 术语和模型。

SX002D 的范围限于需要在产品、产品分解结构(breakdowns)、产品构型、任务定义、序列化等需要交换信息的领域。这个范围主要是从 S1003X 继承而来,在 SX001G 中已经发布的所有类和属性,在规范中不再赘述。

SX002D 公用数据模型还包括已发布的 S 系列原始数据类型以及 S 系列复合数据类型。

本规范的内容安排有,第 1 章:本规范简介,介绍了本规范的目的、背景、范围和 SX002D 的维护机制。

第 2 章:核心对象定义,定义了 S 系列原始和复合数据类型,这些基本数据类型将被用于包括 CDM 在内的各 S 系列规范的数据模型定义中。第 2 章还定义了 CMD 中各个类要实现的核心特性,包括定义项目个性化属性的能力。所有的 S 系列原始类型、复合类型，以及核心对象定义，均使用 UML 语言的类模型定义。

第 3 章：功能单元，使用 UML 类模型语言定义了面向业务的数据模型。本章按面向业务的功能单元划分为一系列小节。为方便引用，按英文字母顺序排列。只对某一个单独的数据模型感兴趣的读者，建议阅读次序如下。

1）总体产品，项目和支持上下文信息

Chapter 3.17　UoF -产品和项目；

Chapter 3.19　UoF -产品应用场景；

Chapter 3.10　UoF -设施；

Chapter 3.12　UoF -位置。

2）产品的系统、功能、区域、零部件

Chapter 3.4　UoF -产品分解结构；

Chapter 3.16　UoF -零部件定义；

Chapter 3.11　UoF -硬件元素；

Chapter 3.24　UoF -软件元素；

Chapter 3.2　UoF -聚合元素；

Chapter 3.30　UoF -区域元素；

Chapter 3.18　UoF -产品设计构型。

3）产品及其零部件的支持任务定义

Chapter 3.26　UoF -任务需求；

Chapter 3.7　UoF -设计变更需求；

Chapter 3.25　UoF -任务；

Chapter 3.27　UoF -任务资源；

Chapter 3.6　UoF -能力定义；

Chapter 3.28　UoF -任务使用；

Chapter 3.29　UoF -时间限制。

4）序列化的产品和零部件定义

Chapter 3.15　UoF -零部件作为实现；

Chapter 3.22　UoF -序列化的零部件配置；

Chapter 3.23　UoF -序列化的产品变量配置。

5）为每个核心业务对象附加关联信息的通用能力

Chapter 3.5　UoF -变更信息；

Chapter 3.9　UoF -文档；

Chapter 3.8　UoF -数字文件；

Chapter 3.14　UoF -组织；

Chapter 3.21　UoF -安全类别划分；

Chapter 3.20　UoF -备注；

Chapter 3.3　UoF -适用性陈述。

6）消息和消息内容的定义

Chapter 3.13　UoF -消息。

3.2.4　SX003X

SX003X 全称为 Interoperability Matrix for the S-Series ILS Specifications，即 S 系列 ILS 规范互操作性矩阵。

目前，S 系列不同规范在互操作性方面存在着数据不协调不匹配的情况，这导致用户在同时使用两个规范时可能会遇到互操作性的问题。

SX003X 的目标是提供一个不同规范间的互操作性矩阵，方便用户能够选择一套具有完全互操作性的规范或者由于某种限制不能选择这样一套规范，用户也能够清楚两个规范间的互操作性局限。

SX003X 将提供不同规范和版本间的互操作性映射，标记潜在的规范或版本间的冲突，以便识别出版本之间迁移或不同规范的互操作性方面的困难。

SX003X 将有助于用户在自己的应用中如何选择 S 系列 ILS 规范及其版本以及评估在不同版本迁移时会造成的影响。

3.2.5　SX004G

SX004G 是 UML 读者指南，目前发行版本为 1.0，发布日期为 2016 年 8 月 31 日[34]。

SX004G 描述了 UML 语言，以及如何阅读和理解用 UML 语言编写的 S 系列规范的类模型，包括公用数据模型（SX002D）。

SX004G 由 2 个章节组成。

第 1 章是对本规范的简介，并对本规范的体系和基本阅读规则做了说明。

第 2 章是 UML 模型读者指南。第 2 章有一个不同建模成分的目录，该目录为定位每一个具体的成分提供了很方便的形式。每个成分由必须的和可选的组件构成。第 1 节为 UML 通用指南，包括类、类属性组、抽象类、联系、直接联系、泛化和特化、聚合、组合聚合、接口等。第 2 节是 UML 类模型的具体指南，包括类和属性、结构图。第 3 节是 S 系列规范的原始数据类型介绍，包括 Date Time type -日期时间类型、IdentifierType 标识符类型，DescriptorType 描述类型、Classficationtype 类别类型、PropertyType 属性类型。第 4 节是组合属性，包括 SerialNumberRange 序列号范围、DatedClassficaiton 日期类别、AuthorizedLife 授权期限。

3.2.6 SX005G

3.2.6.1 SX005G 规范的介绍

SX005G 是关于 S 系列 ILS 规范的 XML 模式实现的规范[35]。

本规范的目的是：为在两个基于 S 系列规范的数据系统之间如何管理和交换数据提供一套清晰的指南。本规范定义了在基于 S 系列数据规范的应用系统间通过消息机制来管理和交换数据的规则。为各规范定义的 XML 模式定义了可用于在 S 系列规范之间进行交换的数据格式。对于接收数据的系统来说，在交换文件（基于上述 XML 模式的 XML 文档）中的数据可以是新增数据也可以是原来已接收数据的更新。

本规范共分为 2 章。

第 1 章是本规范的简介。

第 2 章 XML 模式实现指南。本章对支持信息更新交换的结构和规则做了一步步的定义。从一个极其简单的可以有一组基本规则管理的例子开始，然后一步步地对例子增加复杂性，让读者充分理解如何管理新增的复杂性。

（1）用一个简单的 UML 类做例子展示如何做增删改查。

（2）对一个业务对象，如何管理更新消息中的多值属性。

（3）如何管理更新消息中的多值关联。

（4）如何管理更新消息中的组合聚合。

（5）如何管理更新消息中的属性组。

（6）类间数据交换的其他考虑。

3.2.6.2 数据交换消息的动作代码

每一条数据交换消息，均通过唯一标识的动作代码来指明每一个对象实例的交换动作。这些动作代码如表 3.5 所示。

表 3.5　Action/crud 代码

操　作	SQL 关键字	代　码	说　明
Create	INSERT	I	新增一个对象
Delete(Destroy)	DELETE	D	删除一个对象
Update	UPDATE	U	修改一个对象
Read(Retrieve)	SELECT	N	对象不变
Replace	REPLACE	R	替换一个对象

注意：这些动作代码是定义在对象级别（UML class），而不是在属性级别。

下面看一条消息的例子：

```
<exampleClass crud="I">
   <classId>
<id>1</id>
   </classId>
   <name>
<descr>Name1</descr>
</name>
</exampleClass>
<exampleClass crud="I">
   <classId>
<id>2</id>
   </classId>
   <name>
<descr>Name2</descr>
</name>
</exampleClass>
```

3.2.7 Sn000X 系列输入数据规范

3.2.7.1 数据交换规范编写思路的演变

在规划 S 系列规范之间的数据交换时，原来的思路是每两个规范均制订一套数据交换规范，如图 3.20 所示。2013 年开始，工作组有了新的思路（图 3.21），计划针对每个规范只制订一套数据输入规范，此规范需要的来自其他规范或数据源的

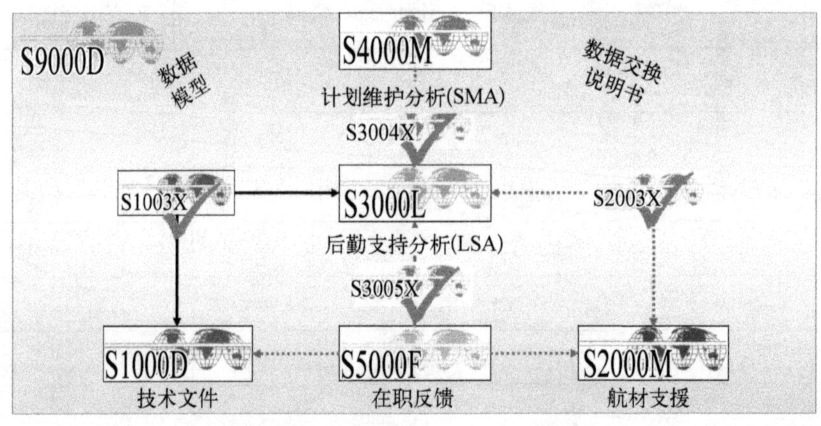

图 3.20　原来的数据交换规范编写思路

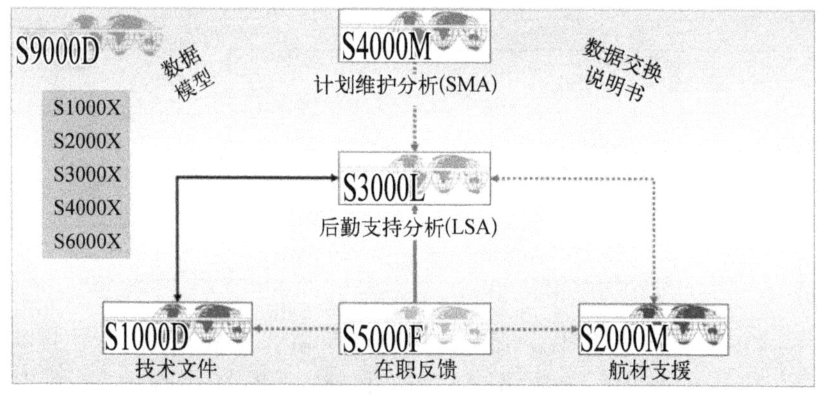

图 3.21 数据交换规范的新编写思路

数据交换要求全部编写在此规范的数据输入规范中。

3.2.7.2 Sn000X 简介

S1000X、S2000X、S3000X、S4000X 和 S6000X 以标准化的形式分别定义了 S1000D、S2000M、S3000L、S4000P 和 S6000T 的输入数据需求。注意，由于 S5000F 是作为客户反馈的数据规范，该规范的数据反馈给前述各规范，因此没有相应的 S5000X 数据输入规范。

Sn000X 基于术语规范 SX001G 和公用数据模型规范 SX002D 定义了所有从源数据模型到目标数据模型的元素及其属性的映射关系，无论是源数据模型还是目标数据模型，其功能点和数据模式的需求都被唯一标识。

源系统提供的数据可能有相应的数据有效性的触发事件，因此，SN000X 必须包括一些流程说明。另外，从不同来源接收数据的次序有时也非常重要，映射关系中数据的次序和独立性关系也需要定义，如有必要，源数据系统和目标系统中具有同一含义的不同术语也需要映射。

还有，输入数据的需求也不仅限于 S 系列规范，也要包括其他必需的数据源。Sn000X 还会提供从源系统中输入数据需要的数据模式定义。为了辅助不同组织或项目功能实现，Sn000X 还会提供业务规则和决策点。所有的 S 系列数据输入规范如表 3.6 所示。

表 3.6 S 系列数据输入规范

综合后勤保障 ILS 规范	说　明	网　址	版本	状　态
S1000X	S1000D 输入数据规范	www.s1000d.org	Iss 0.1	2020 年发布
S2000X	S2000M 输入数据规范	www.s2000m.org	Iss 0.1	2021 年发布

续 表

综合后勤保障 ILS 规范	说　明	网　址	版本	状　态
S3000X	S3000L 输入数据规范	www.s3000l.org	Iss 1.0	2021 年发布
S4000X	S4000P 输入数据规范	www.s4000p.org	Iss 0.1	2021 年发布
S6000X	S6000T 输入数据规范	www.s6000t.org	Iss 1.0	2021 年发布

图 3.22 展示了 S 系列规范如何通过 Sn000X 系列数据输入规范连接在一起。由图可以看出，S1000D、S2000M、S3000L 和 S4000P 都分别可通过 S1000X、S2000X、S3000X 和 S4000X 进行数据关联。

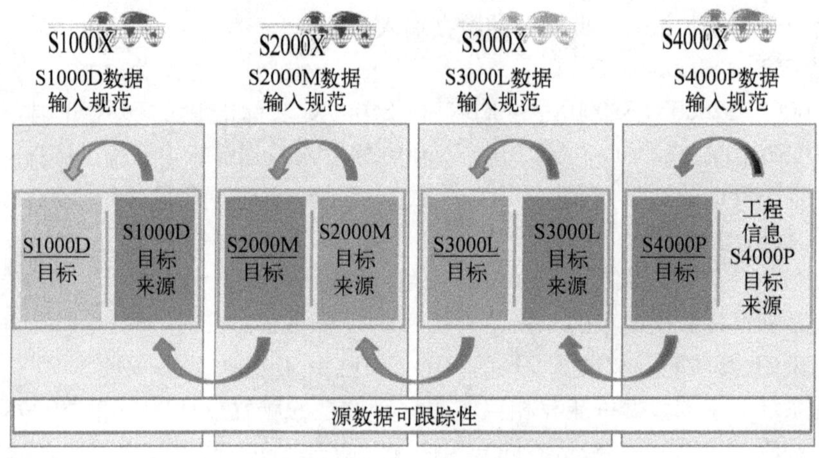

图 3.22　S 系列数据规范与各数据输入规范的关系

3.2.7.3　S1000X 简介

按照新的数据输入规范编写要求，S1000D 对应的数据输入规范为 S1000X，S1000X 命名为“S1000X－INPUT DATA SPECIFICATION FOR S1000D”，即 S1000X－S1000D 输入数据规范。S1000X 工作组的目标是具体规范定义所有的 S1000D 数据输入需求。这些需求数据并不限于其他的 S 系列规范，还包括其他标准规范的数据。

该规范将包括所有需要从其他规范输入的数据交换需求，以及源数据模型和目标数据模型之间数据元素及其属性的映射关系。原来的 S1003X 将被 S1000X 取代。

目前，工作组首先集中在规范定义从 S2000M 6.1、S3000L 1.1、GEIA－STD－0007－B 这三个规范到 S1000D 的输入数据需求。S1000X 内容组成见表 3.7。

表 3.7 S1000X 组成结构

章节号	章节标题	章节号	章节标题
Chap 1	规范的简介	Chap 3.12	公共信息仓库数据需求
Chap 2	如何使用 S1000X	Chap 4	源数据信息
Chap 3	目标数据需求	Chap 4.1	简介
Chap 3.2	公用信息结构数据输入需求	Chap 4.2	S2000M
Chap 3.2.1	标识和状态区数据需求	Chap 4.3	S3000L
Chap 3.2.2	适用性数据需求	Chap 4.7	GEIA－STD－0007－B
Chap 3.2.3	任务前置和后置条件数据需求	Chap 5	术语映射
Chap 3.2.4	控制性内容数据需求	Chap 5.1	简介
Chap 3.4	过程类信息数据输入需求	Chap 5.2	S2000M
Chap 3.6	维修计划信息数据需求	Chap 5.3	S3000L
Chap 3.8	零部件信息需求	Chap 5.7	GEIA－STD－0007－B

此外，目前新的编写思路中 S1000X 与其他 S 系列规范之间的关系如图 3.23 所示。由图 3.23 可以看出，S1000D 直接可与 S1000X 实现互通应用，而 S2000M、S3000L 和 S5000F 则需要定义相关数据实现与 S1000X 的互通。

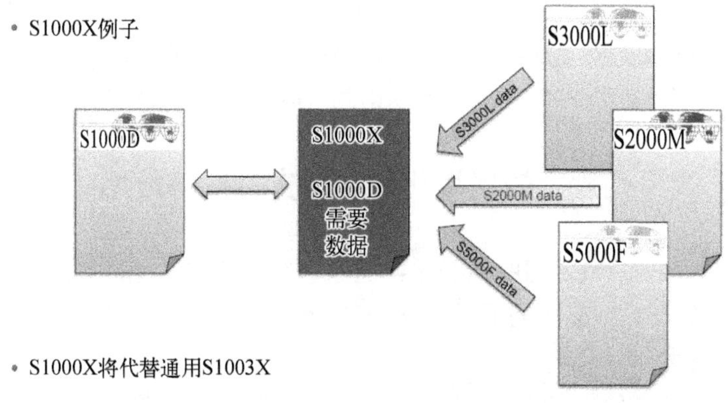

图 3.23 新编写思路下的 S1000X

3.2.7.4 数据元素映射关系定义和例子

目标数据元素与源数据元素映射关系示例如图 3.24 所示。

唯一ID	目标路径 到S1000D数据字典的链接	源（S2000M)路径	映射细节和特殊需求说明	触发事件 决策点	目标数据例子 (XML片段)	源数据 (XML片段)
No.	Target Functionality area and Detail/Path	Source: Detail/Path	Mapping details and requirements	Triggering event BRDP	target example (XML fragment only)	source data (xml frament only)
3.9.5.1_21.1.2@4	Subsystem code identAndStatusSection/ dmAddress/ dmIdent/ dmCode @subSystemCode	figureItemIdentifier(CSN) locipd/msgContent/cas/figCsn/csn/id or(exclusive or): locipd/msgContent/cas/headCsn/csn/id or(non-chapterized) provisioningProjectIdentifier(IPP) locipd/msgContent/ippn/ipp/id	Take the content at position 4 of child element<id> of element<csn>,formatted as an 1. If there is a space character at this position(separate IP presentation of equipment-on chapterized),then take the content at position 5 of child element <id> of element<ipp>.			
3.9.5.1_21.1.2@5	Sub-subsystem code identAndStatusSection/ dmAddress/ dmIdent/ dmCode @subSubSystemCode	figureItemIdentifier(CSN) locipd/msgContent/cas/figCsn/csn/id or(exclusive or): locipd/msgContent/cas/headCsn/csn/id or(non-chapterized) provisioningProjectIdentifier(IPP) locipd/msgContent/ippn/ipp/id	Take the content at position 5 of child element<id> of element<csn>,formatted as an 1. If there is a space character at this position(separate IP presentation of equipment-on chapterized),then take the content at position 7 of child element <id> of element<ipp>.		<dmCode subSubSystemCode="0"/>	figureItemIdentifier(CSN) <locipd>… <msgContent><cas>… <headCsn><csn><id>D0000000001A000A</id></csn></headCsn></cas></msgContent> </locipd>
3.9.5.1_21.1.2@6	Assembly code identAndStatusSection/ dmAddress/ dmIdent/ dmCode @assyCode				<dmCode assyCode="0000"/>	figureItemIdentifier(CSN) <locipd>… <msgContent><cas>… <headCsn><csn><id>D0000000001A000A</id></csn></headCsn></cas></msgContent> </locipd>
3.9.5.1_21.1.2@7	disassembly code identAndStatusSection/ dmAddress/ dmIdent/ dmCode @disassyCode				<dmCode disassyCode="01"/>	figureItemIdentifier(CSN) <locipd>… <msgContent><cas>… <headCsn><csn><id>D0000000001A000A</id></csn></headCsn></cas></msgContent> </locipd>
3.9.5.1_21.1.2@8	disassembly code variant identAndStatusSection/ dmAddress/ dmIdent/ dmCode @disassyCodeVariant				<dmCode disassyCodeVariant="A"/>	figureItemIdentifier(CSN) <locipd>… <msgContent><cas>… <headCsn><csn><id>D0000000001A000A</id></csn></headCsn></cas></msgContent> </locipd>

图 3.24　目标数据元素与源数据元素映射关系示例

图 3.24 中，第 1 列是目标数据元素或其属性的唯一 ID（这里是 S1000D 的数据元素属性）；第 2 列是目标数据元素或其属性的名称，以及其功能区域和详细的元素路径（XML path），可以通过此路径定位到 S1000D 的数据字典；第 3 列是源数据元素或其属性的名称，以及其详细的路径（XML path）；第 4 列是具体的映射关系和特殊要求的说明；第 5 列是数据交换的触发事件以及交换次序或其他的业务规则决策点说明；第 6 列是目标元素的数据 XML 片段；第 7 列是源数据元素的数据 XML 片段；第 6 列和第 7 列举例说明了如何把源数据元素的数据映射到目标的某个数据元素或其属性。

3.3　基于 S 系列规范的民用飞机运行支持业务数据共享交换需求

本节对 S 系列规范之间的数据交换需求进行了概要介绍，后续各章将对上述共享交换的场景、数据交换范围、数据交换的元素及其属性、数据交换的规则进行详细深入的说明。

3.3.1　技术出版物与其他 S 系列规范的业务数据共享交换

S1000D 的产生是为建立有关生产和分发技术文档及学习内容的国际规范。根据 S1000D 生产的技术出版物可以按页面定向或从相同的数据模块中分发交互式电子技术出版物(interactive electronic technical publications,IETP)。IETP 的内容以小型可重复使用信息单元的形式被划分为数据模块,这些数据模块通过数据库中的唯一标识,即数据模块代码进行管理,并且可以直接访问。S1000D 与其他 S 系列规范之间的接口关系如图 3.25 所示。

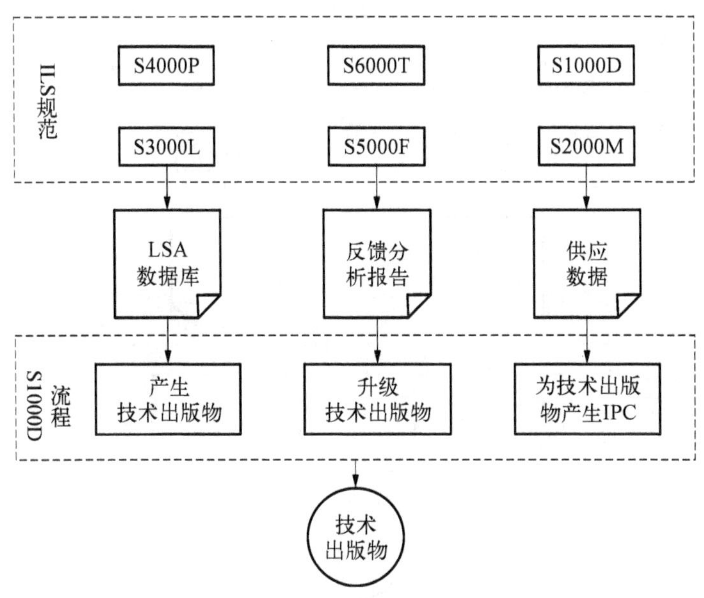

图 3.25 S 系列 ILS 规范与 S1000D 的业务关系接口[36]

备件供应生成的供应数据包含用于标识,描述和验证产品的购买、检查、包装、材料、服务的信息。S2000M 生成了上述数据,并定义了该数据的结构。由于此结构与 S1000D IPD 数据模块相同,因此可以直接映射数据并将其作为图解零件目录(illustrated parts catalogues,IPC)发布,可作为维护人员识别维护程序中使用项目的参考。

由设计影响 ILS 元素生成的 LSA 数据库是制作与维护程序相关的技术出版物的唯一信息来源。LSA 数据库包含配置数据、维修级别分析(level of repair analysis,LORA)和维护任务分析(maintenance task analysis,MTA)报告、供应商数据、维护概念和维护计划、故障诊断信息、设施和基础设施报告、预防性和纠正性维护任务等。来自 S3000L LSA 数据库中存储的这些数据元素可以直接转换为数据模块中包含的 S1000D 技术出版物数据元素,从而确保数据一致性并优化生命周期成本(life cycle costs,LCC)。

S1000D 与 S5000F 的接口包含用于更新技术出版物的技术内容的反馈信息。

3.3.2 备件供应与其他 S 系列规范的业务数据共享交换

S3000L 为 S2000M 提供了 LSA 数据库,该数据库作为备件的包装、装卸、储存和运输(packaging,handling,storage and transportation,PHS&T)要求、设施报告、人力和人员报告、MTA 报告和保障理念的主要数据来源[36],S2000M 也为 S3000L 提供了备件配置数据。S2000M 通过反馈信息与 S5000F 进行对接,用于更新配置数据的技术内容,如 MTBF 等。S 系列 ILS 规范与 S2000M 的业务流程接口如图 3.26 所示。

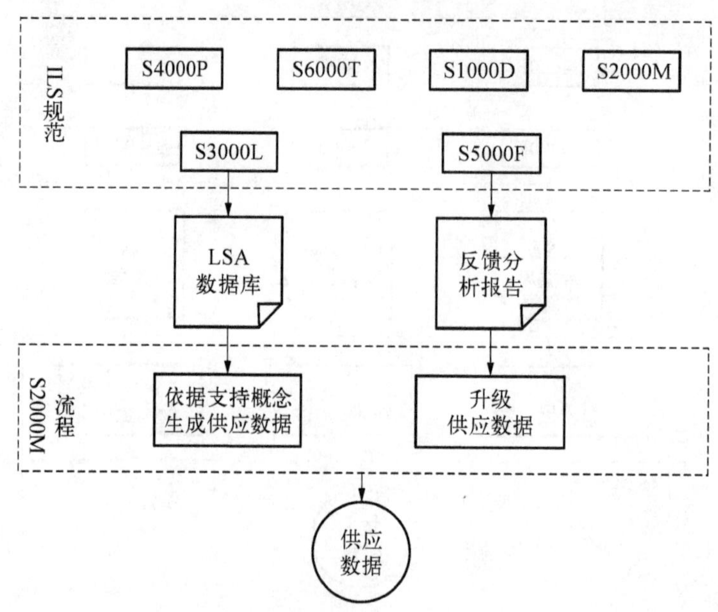

图 3.26　S 系列 ILS 规范与 S2000M 的业务关系接口[37]

3.3.3　维修工程分析与其他 S 系列规范的业务数据共享交换

基于 S3000L 和 S4000P,LSA 数据库中记录和集成了执行技术或保障分析活动的流程,两个规范之间的紧密联系共同指导了每个产品的在役阶段、LSA、支持工程分析阶段三个阶段的预防性维修活动。如预防性维修分析(preventive maintenance analysis,PMA)的结果以 PMTR 的形式记录在 LSA 数据库中,S3000L 根据 PMTR 的记录进行 MTA,来制订预防性维修任务。由于只有对整个维修理念(预防性、非计划性、可操作性)的完整支持,才能确保实现优化和协调的产品保障,因此,非计划维修任务也需要在 LSA 中进行记录。S5000F 提供了反馈服务的数据以及收集和修复信息的反馈方法,以支持和改善使用 S3000L 的产品保障。在 S6000T 中会生成培训需求分析(training need analysis,TNA),此分析的一部分用来确定 S3000L LSA 过程中的设备和基础设施(facilities and infrastructure,F&I)分析的培训设备,确定后的数据将储存于 LSA 数据库中。S 系列 ILS 规范与 S3000L 的业务关系接口如图 3.27 所示。

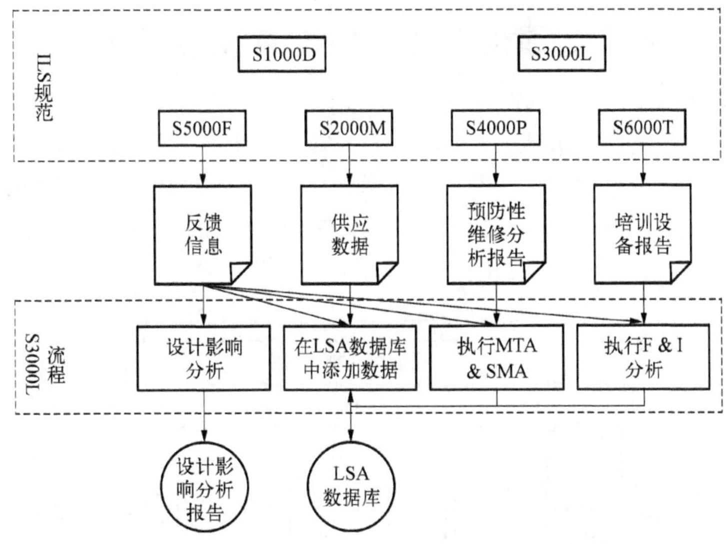

图 3.27　S 系列 ILS 规范与 S3000L 的业务关系接口[37]

3.3.4　计划维修与其他 S 系列规范的业务数据共享交换

为了实现 S4000P 的预防性维修制订和持续改进目标，LSA 数据库作为设计和开发保障资源需求的唯一信息源，必须涵盖产品的最新状态，即必须将产品的维护任务类型记录作为 LSA 候选对象。S 系列 ILS 规范与 S4000P 的业务关系接口关系如图 3.28 所示。

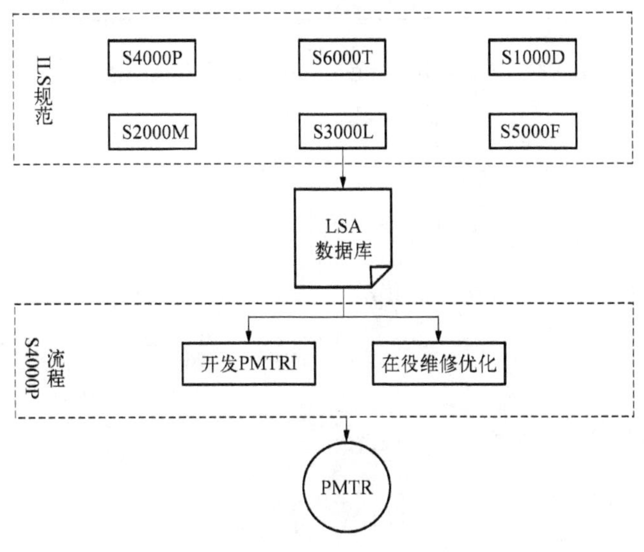

图 3.28　S 系列 ILS 规范与 S4000P 的业务关系接口[37]

3.3.5 客户数据反馈与其他 S 系列规范的业务数据共享交换

S5000F 是将信息在服务中的运营商/运营商和 OEM 或维护人员之间进行反馈。在产品生命周期的运营阶段,S5000F 为客户与不同 ILS 活动提供接口,以在统一的服务中心反馈数据。反馈数据将根据定义的时间表自动传输到在役数据库或从在役数据库反馈出去。S 系列 ILS 规范与 S5000F 的业务关系接口如图 3.29 所示。

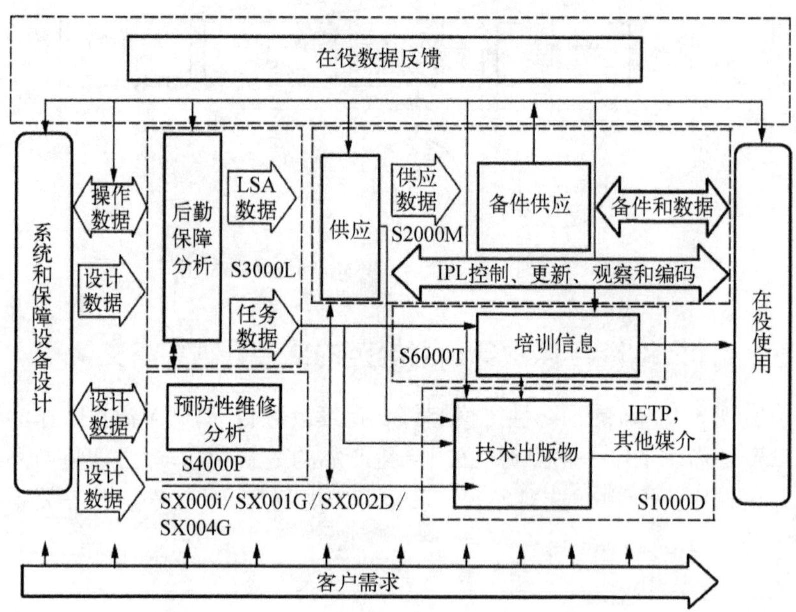

图 3.29 S 系列 ILS 规范与 S5000F 的业务关系接口[37]

第四章　工程到运行支持的数据转换

4.1　数据交换应用场景

民用飞机的研发主要涉及设计工程、制造工程、试飞工程以及运行支持四大环节。运行支持作为飞机研发的保障及服务环节，其核心业务包括维修工程分析、技术出版物编制、航材支援、飞行/机务培训、飞行运行支援及快速响应等。运行支持业务对内负责接口设计，如系统/机体供应商制造和试飞、编制各类服务技术文件（手册、培训教材、备件清单）等；对外提供运营保障服务，包括快速响应技术问题、超手册维修方案编制、实时健康监控与管理、航材备件供应等，因此在整个飞机全寿命周期过程中具有举足轻重的作用[38]。

运行支持业务贯穿产品全寿命周期，从研制初期的运行支持方案定义到详细设计阶段的各类运行支持产品研制及运营期间的产品使用维护等，运行支持在全寿命周期内各阶段的业务框图如表 4.1 所示。

表 4.1　全寿命周期运行支持各阶段任务对应关系表

阶 段 划 分	运行支持任务/产品
工程规划阶段	系统工程（管理）规划，运行支持规划以及运行支持要素规划
合作方需求定义阶段	运营需求定义、保障需求定义、报废需求定义以及场景分析
需求分析阶段	可行性研究、情景和假设分析、运行支持需求分析
架构设计阶段	权衡分析、敏感度分析、风险分析、产品要素定义、技术性能定义、全寿命周期成本分析、安全性初步分析
实施阶段	运行支持产品研制与实施、如包装物流、培训、技术手册/文档、采供保障流程和供应链合同谈判、维修工程分析、成本分析、安全性分析以及人为因素分析等

续 表

阶 段 划 分	运行支持任务/产品
集成阶段	运行支持产品研制与实施，如包装物流、培训、技术手册/文档、采供保障流程和供应链合同谈判、维修工程分析、培训需求、成本分析、安全性分析以及人为因素分析等
验证阶段	根据相关标准对运行支持需求和产品进行验证
过渡阶段	完成运行支持产品并准备投入使用
运营和维护阶段	根据工程更改，持续维护更新运行支持数据及产品
报废阶段	报废方案、危害性材料及残留物等处理

运行支持数据库作为工程设计与运行支持业务间数据的中间媒介，打通工程设计数据源头，通过分析各运行支持业务核心通用数据内容，对原始工程数据进行获取、清洗、重构、转换等处理，形成以运行支持数据库为单一源数据的管理模式，运行支持数据库将主要用于维修类技术出版物与维修保障业务的数据源，同时运行支持数据库集成所有运行支持业务和领域生成的运行支持相关数据，主要包括构型数据、LORA 数据、MTA 数据、供应商数据、维修方案和计划数据、故障诊断信息、地面支援设备数据、推荐航材信息、培训模拟机数据、培训教材以及预防和纠正性维修任务间隔数据等，如图 4.1 所示。

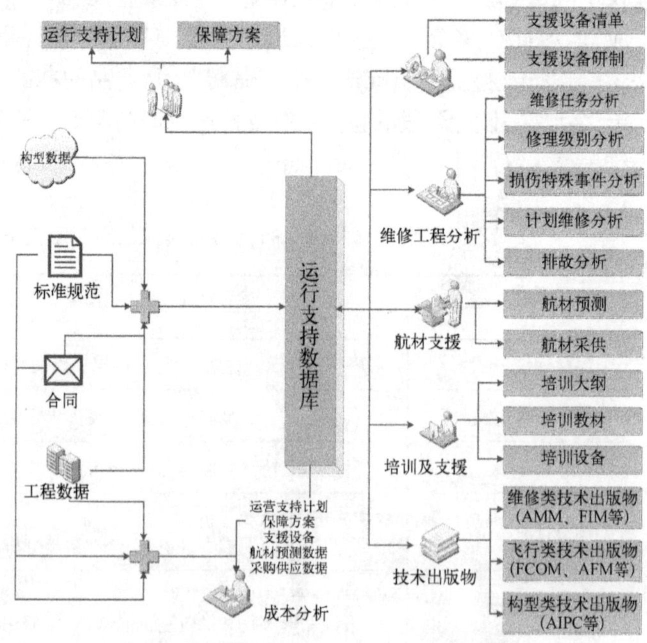

图 4.1　设计到运行支持总体数据架构

由图 4.1 可知,运行支持数据库中的数据元素可直接转换成维修工程分析、技术出版物数据模块、航材预测数据等,从而确保各专业中通用核心数据的一致性和实时有效性。同时,运行支持数据库集成的航材设施、维修间隔等数据将用于成本分析。由于其业务特性,运行支持业务所需数据种类繁多,数据源头多样,数据结构复杂,数据管控难度较大。

以构型数据为例,对于民用飞机制造业而言,构型数据主要涉及整个产品的结构划分及其零组件的件号、有效版本、适用架次等基本信息,这类数据是产品研制、运行支持过程中最基础也是最核心的数据,从研制初期各系统、部段的图纸创建中对设备进行划分及数据唯一标识,到后续对设计的不断优化、改型等更改过程中对图纸进行版本控制。全寿命周期构型数据转化关系如图 4.2 所示,可见构型数据贯穿着需求、设计、制造、运行支持直至报废的全寿命周期,因此该数据的准确定义以及各环节的数据一致性是确保项目顺利运转的基础。

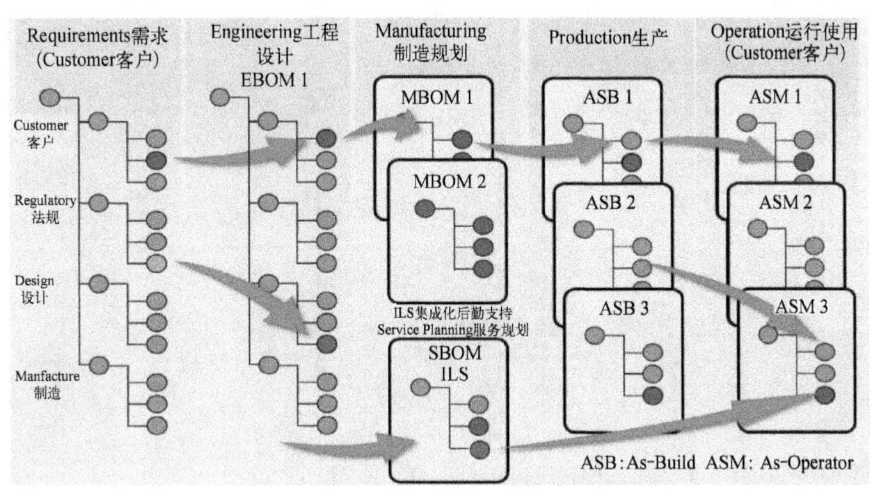

图 4.2 全寿命周期构型数据转化

在运行支持数据库中,构型数据以产品结构的形式进行展现,工程产品结构将基于产品功能进行定义与分解,从而形成 EBOM,基于工程 EBOM 提供图样与技术文件等信息,通过工艺规划与设计管理,将产生的工艺分工、工艺数据及工装数据等信息传递至制造 BOM,生产实施过程中产生的试验数据至实做 BOM,基于工程 BOM 和实做 BOM,构建运行支持服务 BOM,如图 4.3 所示,其产品结构基于维修角度进行建立,定义航线及基地可维修项,并集成相应的工程及制造数据,为运行支持业务的开展提供数据基础[39]。

服务 BOM 划分为维修视图(包含系统子视图和区域子视图)、飞行/运行视图和产品视图。维修视图(系统子视图)按照维修任务进行架构,维修视图(区域子

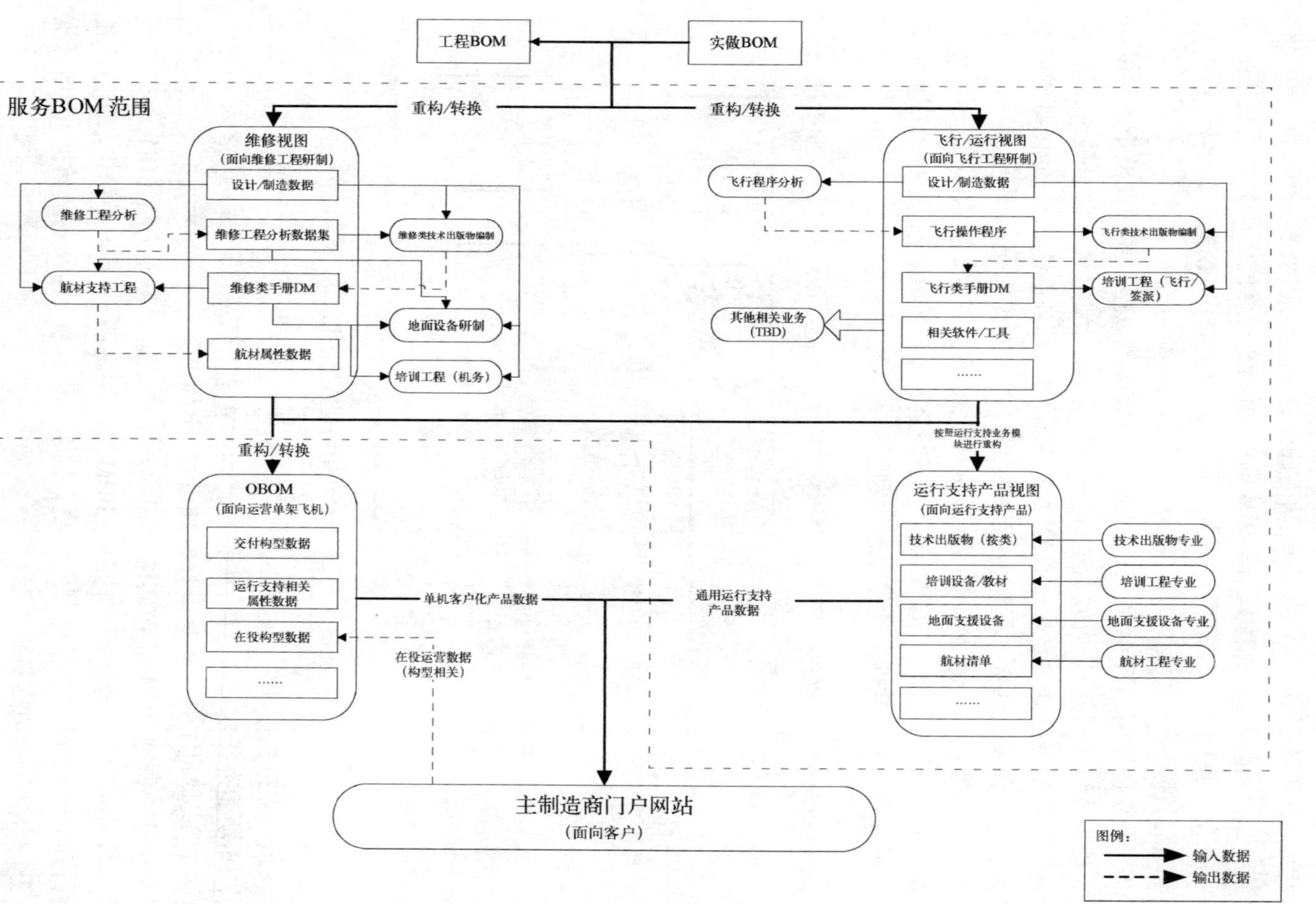

图 4.3　运行支持服务 BOM 构建

视图）按照维修区域进行构建，飞行/运行视图按照飞机功能划分进行架构，产品视图将运行支持产品各专业研制产品进行数字化定义与分解。

维修视图的产品结构视图包含三层：顶层结构、构型层和底层结构。顶层结构基于 ATA 划分，通过对 EBOM 的设计视图进行重构而构建；构型层包含构型项、关联对象、数据模块；底层结构挂接了维修任务开展所需的工程制造数据、维修任务和程序。

运行支持产品视图包含顶层结构、构型层和底层结构。其中，顶层结构基于运行支持业务构建，是对技术出版物、培训教材、地面支援设备、培训设施等产品进行数字化分解；构型层包含产品视图构型项、产品视图关联对象、产品视图数据模块；底层结构挂接了运行支持的相关数据集。

运行支持 BOM 产品视图提供了对运行支持产品的数字化定义和结构化分解，用于支持数据的共享和交换。

4.2　数据交换范围

4.2.1　产品结构树

运行支持核心业务包括维修工程分析、技术出版物、航材支援、培训工程、飞行运行支援、快速响应，所需源数据涉及设计工程数据、供应商数据、客户数据，其中以设计工程数据所占比重最大。工程数据主要分为数模数据及设计文件两大类，在数据转换过程中主要范围包括产品结构和核心维修类工程数据两部分。运行支持产品结构树的建立主要依靠运行支持 BOM 系统视图进行建立。

由于工程 EBOM 对于运行支持服务 BOM 产品结构树的制约[40]，系统设计数模与结构设计数模均挂接于三位 ATA 节点。而运行支持业务如技术出版物等对于产品结构的划分需达到 ATA 六位，即部件级。为了达到数据层次及颗粒度的匹配，数据转换过程中运行支持产品结构树将以 ATA 六位为基础进行建立，ATA 前三位信息及有效性将直接取用 EBOM 产品结构树信息。运行支持产品结构输入源关系如图 4.4 所示。

产品结构树主要信息包括：ATA 章节号、系统/子系统/子子系统名称、有效性、件号、版本等，其属性信息如表 4.2 所示。

表 4.2　产品结构属性

属性名称	属　性　内　容	属性名称	属　性　内　容
机型	飞机型号	名称	产品名称
系列	飞机所属产品系列	数量	单装数量
件号	件号的代码	版本	零组件版本说明

续 表

属性名称	属 性 内 容	属性名称	属 性 内 容
供应商代码	供应商的信息	航材类型	消耗件,可修理、T项目可修理、非T项目
材料属性	材料牌号、规范、说明,替代材料牌号、规范、说明	修理码	维护件、大修件、担保件、维护与大修并存
互换性	是否具有互换性,单向互换、完全互换	报废率	航材正常报废的百分率
互换件件号	互换件件号信息	寿命	寿命期限用日历月来表示
选装基本件	选装件、基本件	有效性	根据有效性计算出该零件相对于某构型项的适用性
时寿件	零件的时寿信息标注		

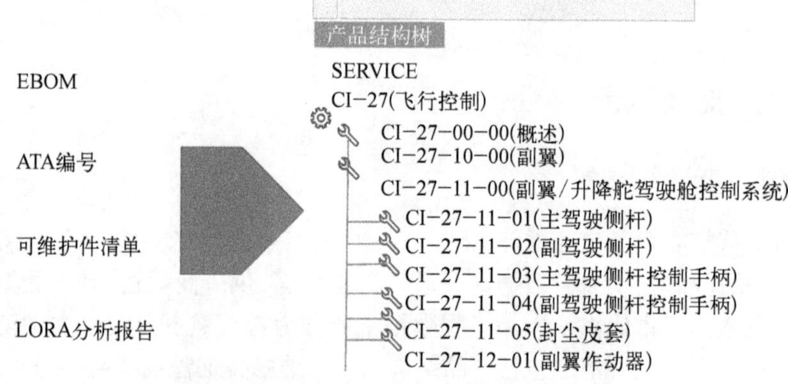

图 4.4 运行支持产品结构输入源(ATA 后三位)

4.2.2 设计属性

运行支持数据库作为运行支持业务源数据,负责运行支持需求设计数模及设计文件的分类及管理。数据交换过程作为各业务间的数据交互桥梁,负责部分设计数据的分析、提取及交换。与运行支持关联较大的设计文件内容见表 4.3。

表 4.3 主要设计文件清单

技术方案	对产品设计、制造、客户服务等方面提出的方案性文件。如设计方案、制造方案、工艺方案、装配协调方案、试飞方案、客户服务方案、各类顶层规划等
技术条件	用于工程发布专用制造技术要求,与工程图样配套使用(如:制造验收要求、调试要求等),或用于供应商成品件的接受试验程序(acceptance test procedure,ATP)
接口控制文件	描述供应商与提出任务单位联合设计的接口、界面的文件

续　表

程序/指南	用于过程控制、技术协调、操作过程等应当遵循的程序性文件。如不合格品控制程序、适航取证信息管理程序、数字化设计平台的详细使用和操作说明、验收程序、检查程序等
说明书/手册	产品工作原理、结构、性能、使用、维修等的说明书以及用户手册，如全机产品技术说明书、地面设备说明书、飞机维修手册、零部件维修手册、故障隔离手册等
技术协调单	用于记录单位/部门间技术协调结果的文件
技术通知单	用于单位/部门向项目相关单位/部门通知有关飞机技术状态、供应商成品技术状态等
适航符合性验证计划	申请人用于表明符合性的计划，包括申请人的取证计划（包含系统描述、审定基础、验证方法、验证计划等详细信息）
适航符合性报告	根据确定的验证方式和符合性方法为证明型号设计有关项目符合相应适航条款而编写、向适航部门提交的正式文件
试验文件	风洞试验、结构静力/动力试验、系统模拟试验、飞行试验以及新工艺、新材料、新结构等研制试验所编发的有关文件。包括试验计划、试验任务书、试验大纲、试验报告、试验总结报告、试飞任务书、试飞要求、试飞大纲、试飞报告、试飞分析报告等
技术报告	各类技术报告，包括论证报告、计算报告、分析报告、评估报告、专题技术报告、工作总结报告、技术总结报告、调研报告等
汇总性文件	各种汇总清册（清单），如随机备件清册、随机工具、地面设备清册、成品清册、材料和标准件清册

其中交换过程中涵盖的设计工程文件主要涉及系统描述文档、系统功能定义与分解、飞机级系统危害性分析、系统级功能危害性分析、系统初步安全性评估、系统区域安全性分析、系统特殊事件分析、系统可靠性分析、系统 FMEA 报告、系统 PMMEL 候选项目及论证报告、系统故障隔离程序、系统维修程序，整体设计如图 4.5 所示。

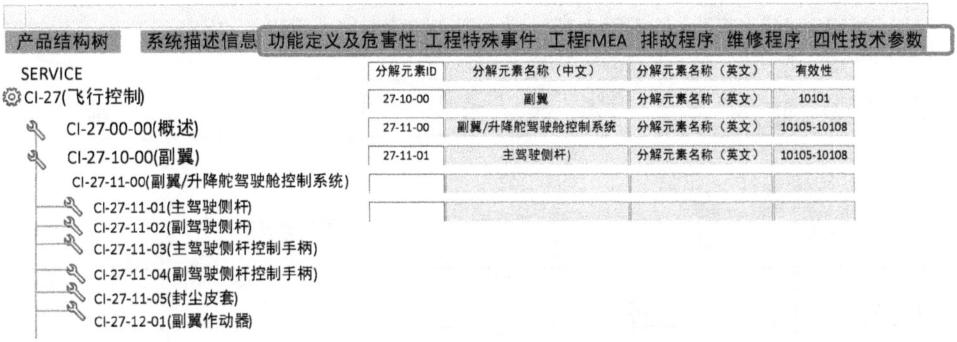

图 4.5　数据交换-工程设计数据部分

4.3 数据交换元素

4.3.1 产品数据信息

产品数据信息以图 4.5 中的交换场景为基础,对每个环节中的数据元素进行逐一分析,对每条数据的意义与其在不同业务中的表现形式、意义进行分析[40]。

1. 机型

1) 描述

中文名称	英文名称	定 义	类 型	来源
机 型	Model	飞机型号	属性值	设计

2) 应用

应 用 场 景	标 识	数据类型	权限
运行支持数据库	Aero_Type	10 位字符	存储

2. 系列

1) 描述

中文名称	英文名称	定 义	类 型	来源
系 列	Series	飞机所属产品系列	属性值	工程

2) 应用

应 用 场 景	标 识	数据类型	权限
运行支持数据库	Aero_Series	3 位字符	存储

3. ATA 章

1) 描述

中文名称	英文名称	定 义	类 型	来源
ATA 章号	Chapter	ATA 号的章号部分,描述系统	属性值	工程

2）应用

应 用 场 景	标　识	数据类型	权限
运行支持数据库	ATA_chapter	2 位数字	存储

4. ATA 节

1）描述

中文名称	英文名称	定　义	类　型	来源
ATA 节	Section	ATA 的节，对应飞机的子系统或子子系统	属性值	工程

2）应用

应 用 场 景	标　识	数据类型	权限
运行支持数据库	ATA_section	2 位数字	存储

5. ATA 段

1）描述

中文名称	英文名称	定　义	类　型	来源
ATA 段	Paragraph	ATA 的段号，对应飞机的部件	属性值	工程

2）应用

应 用 场 景	标　识	数据类型	权限
运行支持数据库	ATA_paragraph	2 位数字	存储

6. ATA 题目

1）描述

中文名称	英文名称	定　义	类　型	来源
ATA 题目	ATA title	ATA 的标题	属性值	工程

2）应用

应 用 场 景	标　识	数据类型	权限
运行支持数据库	ATA_title	100 位字符	存储

7. 件号

1）描述

中文名称	英文名称	定　义	类　型	来源
件号	Part Number	专有件或供应商件号，是现行有效的件号 若件号超过15位，在注释栏会给出超长件号	ID	工程

2）应用

应用场景	标　识	数据类型	权限
运行支持数据库	Part_identifier	15位的数字与字符的混合字符	存储

8. 供应商代码

1）描述

中文名称	英文名称	定　义	类型	来源
供应商代码	MANUFACTURER CODE	给出供应商的信息。供应商代码与商业和政府实体代码（CAGE）应相同	ID	工程

2）应用

应用场景	标　识	数据类型	权限
运行支持数据库	Organization_identifier	5位数字与字符的混合字符	存储

9. 名称（关键词）

1）描述

中文名称	英文名称	定　义	类　型	来源
名称（关键词）	Key Word	描述航材的名称或关键词	属性值	设计

2）应用

应用场景	标　识	数据类型	权限
运行支持数据库	Key_word	25位字符	存储

10. 有效性

1）描述

中文名称	英文名称	定　义	类　型	来源
有效性	EFFECTIVITY	飞机有效号架次	属性值	工程

2）应用

应 用 场 景	标　识	数据类型	权限
运行支持数据库	EFFY	8 位数字	维护

11. 互换性

1）描述

中文名称	英文名称	定　义	类　型	来源
互换性	INTERCHANGEABILITY INDICATOR	表明航材与其他航材是否可以互换	属性值	工程

2）应用

应 用 场 景	标　识	数据类型	权限
运行支持数据库	INC	1 位数字	存储

12. 可替代件号

1）描述

中文名称	英 文 名 称	定　义	类　型	来源
可替代件号	ALTERNATE PART NUMBER	可以更换的航材件号	属性值	工程

2）应用

应 用 场 景	标　识	数 据 类 型	权限
运行支持数据库	ALT_PNR	15 位的数字与字符的混合字符	存储

13. MMEL 部件

1）描述

中文名称	英 文 名 称	定　义	类　型	来源
最小主设备清单部件	Master Minimum Equipment List Component	标识该部件是否属于 MMEL 清单上的部件	属性值	工程

2）应用

应 用 场 景	标　识	数 据 类 型	权限
运行支持数据库	MMEL	若该部件为 MMEL 选件，则用‘M’标识；否则，为空	存储

14. 重要性

1）描述

中文名称	英文名称	定　　义	类　型	来源
重要性	ESSENTIALITY CODE	重要性码;由 MMEL 部件参数确定,用于指示该航材出现故障后是否影响飞机的放飞 由 MMEL 确定重要性的具体原则如下：未包括在 MMEL 中的有关机载设备项目发生故障后,飞机不能放飞(NO GO);包括在 MMEL 中的项目,在一定限制条件下可放飞(GO IF); MMEL 中也规定了发生故障后,不影响飞行安全,飞机可以照常放飞的项目(GO)	属性值	工程

2）应用

应 用 场 景	标　识	数据类型	权限
运行支持数据库	ESS	1 位数字,枚举值	存储

15. 使用寿命

1）描述

中文名称	英文名称	定　　义	类　型	来源
使用寿命	Life	为航材设计时的试验数据或根据不同设计要求而确定的寿命值,可指导航材的储备寿命期限用日历月来表示,数值表示	属性值	工程

2）应用

应 用 场 景	标　识	数 据 类 型	权限
运行支持数据库	LIFE	从 1～9999999 的 7 位数字。单位由“时间单位 T/C 参数”确定	存储

16. 报废率

1）描述

中文名称	英 文 名 称	定　　义	类　型	来源
报废率	SCRAP RATE INDICATOR	根据统计给出航材正常报废的百分率	属性值	工程

2）应用

应 用 场 景	标 识	数 据 类 型	权限
数字化运营支持数据库	Scrap_Rate	2 位数字，从 01～99	存储

17. 选装件/基本件

1）描述

中文名称	英 文 名 称	定 义	类 型	来源
选装件/基本件	BUYER FUNISHED EQUIPMENT/ SELLER PURCHASED EQUIPMENT	确定该件是否可由用户选择购买。可使用户明确该件是否必须装备的	属性值	工程

2）应用

应 用 场 景	标 识	数 据 类 型	权限
运行支持数据库	BFEorSPE	1 位字母，枚举类型	存储

18. 版本

1）描述

中文名称	英文名称	定 义	类 型	来源
版本	Revision	产品构型的版本号	属性值	工程

2）应用

应 用 场 景	标 识	数据类型	权限
运行支持数据库	Revision	10 位数字	存储

19. 父件号

1）描述

中文名称	英 文 名 称	定 义	类 型	来源
父件号	Parent Part Number	对象组件的上一级结构的件号	属性值	工程

2）应用

应 用 场 景	标 识	数 据 类 型	权限
运行支持数据库	PNR_Parent	25 位的数字与字符的混合字符	存储

20. 父件版本号

1）描述

中文名称	英文名称	定　义	类　型	来源
父件版本号	Parent Part Number Revision	对象组件的上一级结构的版本号	属性值	工程

2）应用

应用场景	标　识	数据类型	权限
运行支持数据库	PNR_Parent_Revision	10 位数字	存储

21. 数量

1）描述

中文名称	英文名称	定　义	类　型	来源
数量	Quantity	构型数量	属性值	工程

2）应用

应用场景	标　识	数据类型	权限
运行支持数据库	QPA	4 位数字	存储

22. 材料代码

1）描述

中文名称	英文名称	定　义	类　型	来源
材料代码	Material Code	用于散装材料识别、存储和快速发货	属性值	工程

2）应用

应用场景	标　识	数据类型	权限
运行支持数据库	Material_Code	10 位数字	存储

23. 材料说明

1）描述

中文名称	英文名称	定　义	类　型	来源
材料说明	Material Specification	对材料的文字说明	属性值	工程

2）应用

应 用 场 景	标　识	数据类型	权限
运行支持数据库	Material_Specification	40 位字符	存储

24. 装机件数

1）描述

中文名称	英 文 名 称	定　义	类　型	来源
装机件数	QUANTITY PER AIRCRAFT	每架飞机的实际安装件数	属性值	工程

2）应用

应 用 场 景	标　识	数据类型	权限
运行支持数据库	QUANTITY_PER_AIRCRAFT	4 位数字	存储

25. 修理码

1）描述

中文名称	英文名称	定　　义	类　型	来源
修理码	SHOP CODE	可以确定对部件是进行哪一大类的维修 被用于确认修理周期以计算推荐储备数量	属性值	航材

2）应用

应 用 场 景	标　识	数据类型	权限
运行支持数据库	SHOP_CODE	2 位数字	存储

26. 航材类型

1）描述

中文名称	英文名称	定　　义	类　型	来源
航材类型	SPARE PART CLASS CODE	根据 ATA 规范 2000 中的定义划分航材类型,确定航材为可修件还是消耗件,以及是否高价周转件; 从航材的购买,修理等方面对航材储备提供依据。对不同类型的航材应分别采用不同的管理方法	属性值	航材

2）应用

应用场景	标 准	标 识	数据类型	权限
运行支持数据库	S3000L	SPARE_PART_CLASS_CODE	1 位数字	存储
航 材	S2000M	SPC	1 位数字	维护

4.3.2 系统描述信息

系统描述部分主要包括：系统概述、系统构架、系统运行描述、关键参数、环境条件、接口、依赖性及部件描述等信息，其结构化数据模式如图 4.6 所示，具体数据定义如表 4.4 所示。

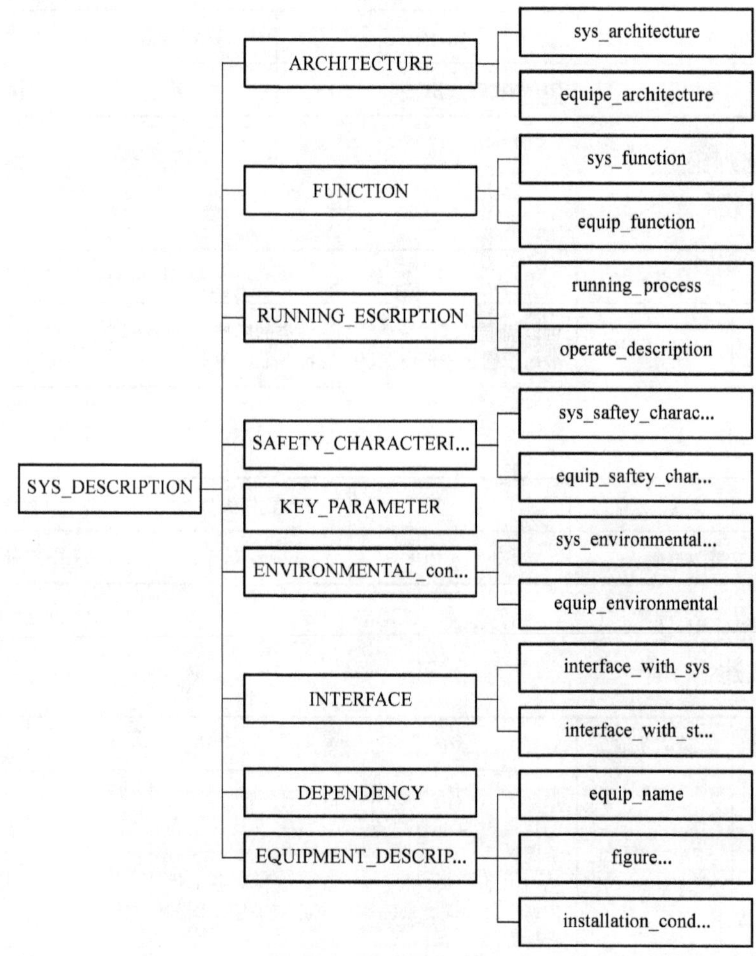

图 4.6 系统描述结构化模型

表 4.4　系统描述结构化数据定义

序　号	名　　称	定　　义
1	SYS_DESCRIPTION	系统描述
1.1	ARCHITECTURE	架构
1.1.1	sys_architecture	系统级架构
1.1.2	equip_architecture	部件级架构
1.2	FUNCTION	功能
1.2.1	sys_function	系统级功能
1.2.2	equip_function	部件级功能
1.3	RUNNINGD_ESCRIPTION	系统运行描述
1.3.1	running_process	系统运行过程
1.3.2	operate_description	系统操作描述
1.4	SAFETY_CHARACTERISTIC	系统安全保证特性
1.4.1	sys_saftey_characteric	系统级安全保证
1.4.2	equip_saftey_characteric	部件级安全保证
1.5	KEY_PARAMETER	系统关键参数
1.6	ENVIRONMENTAL_CONDITION	环境条件
1.6.1	sys_environmental_condition	系统环境条件
1.6.2	equip_environmental_condition	部件的环境条件
1.7	INTERFACE	接口
1.7.1	interface_with_sys	与其他系统间的接口
1.7.2	interface_with_structure	与结构之间的接口
1.8	DEPENDENCY	依赖性
1.9	EQUIPMENT_DESCRIPTION	部件描述
1.9.1	equip_name	设备名称
1.9.2	figure	外形图
1.9.3	installation_condition	安装特性

4.3.3 功能定义及危害性

功能定义及危害性部分主要包括：基础功能(A)、主要功能（A)、功能(A)、子功能(A)、系统功能(S)、系统子功能(S)、FHA 编号(A)等信息，其数据模式如图 4.7 所示，具体数据定义如表 4.5 所示。

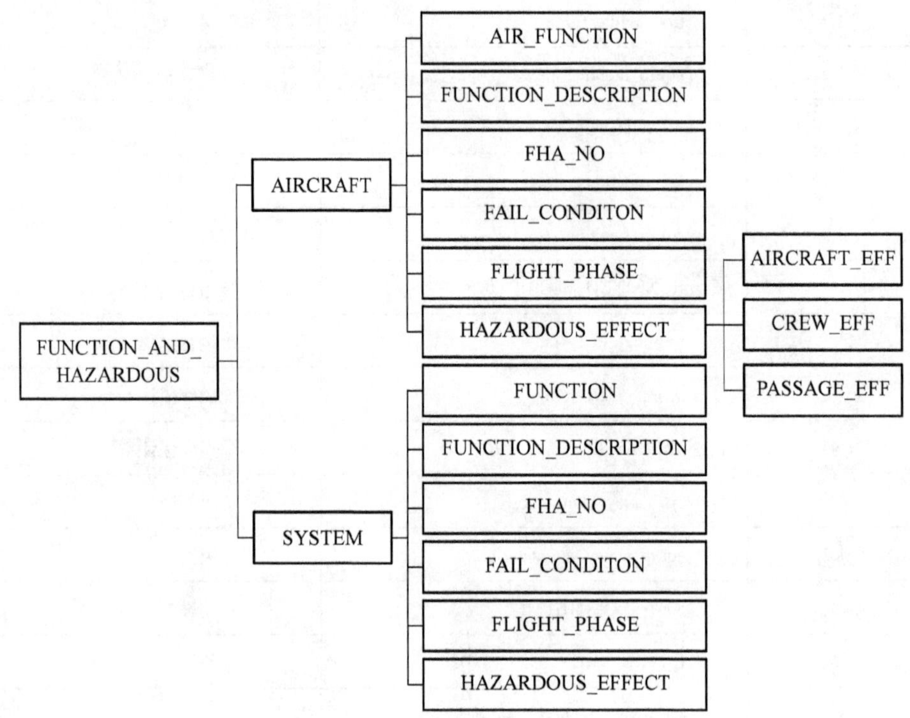

图 4.7 功能定义及危害性结构化模型

表 4.5 功能定义及危害性结构化数据定义

序 号	名 称	定 义
1	FUNCTION_AND_HAZARDOUS	功能和危害
1.1	AIRCRAFT	飞机级
1.1.1	AIR_FUNCTION	功能定义
1.1.2	FUNCTION_DESCRIPTION	功能描述
1.1.3	FHA_NO	FHA 编号
1.1.4	FAIL_CONDITON	失效状态

续　表

序　号	名　　　称	定　　　义
1.1.5	FLIGHT_PHASE	飞行阶段
1.1.6	HAZARDOUS_EFFECT	危害性影响
1.1.6.1	AIRCRAFT_EFF	对飞机的影响
1.1.6.2	CREW_EFF	对机组的影响
1.1.6.3	PASSAGE_EFF	对乘客的影响
1.1.7	HAZARDOUS_LEVEL	危害等级
1.2	SYSTEM	系统级
1.2.1	FUNCTION	功能定义
1.2.2	FUNCTION_DESCRIPTION	功能描述
1.2.3	FHA_NO	FHA 编号
1.2.4	FAIL_CONDITON	失效状态
1.2.5	FLIGHT_PHASE	飞行阶段
1.2.6	HAZARDOUS_EFFECT	危害性影响
1.2.6.1	AIRCRAFT_EFF	对飞机的影响
1.2.6.2	CREW_EFF	对机组的影响
1.2.6.3	PASSAGE_EFF	对乘客的影响
1.2.7	HAZARDOUS_LEVEL	危害等级

4.3.4　工程 FMEA

工程 FMEA 部分主要包括：基础功能(A)、主要功能 (A)、功能(A)、子功能(A)、系统功能(S)、系统子功能(S)、FHA 编号(A)等信息，其结构化数据模式如图 4.8 所示，具体数据定义如表 4.6 所示。

表 4.6　工程 FMEA 结构化数据定义

序　号	名　　　称	定　　　义
1	FMEA	FMEA
1.1	FMEA_Code	FMEA 代码

续　表

序　号	名　　称	定　　义
1.2	Failure_mode_description	故障模式描述
1.3	Failure_Cause	故障原因
1.4	EFFECT	故障影响
1.4.1	Local_effect	局部影响
1.4.2	Next_higher_effect	高一层影响
1.4.3	End_Effect	最终影响
1.5	Failure_mode_effect_level	故障模式影响等级
1.6	Failure_mode_rate	故障模式发生概率
1.7	Failure_mode_detection_rate	故障模式探测率
1.8	Failure_rate	故障率

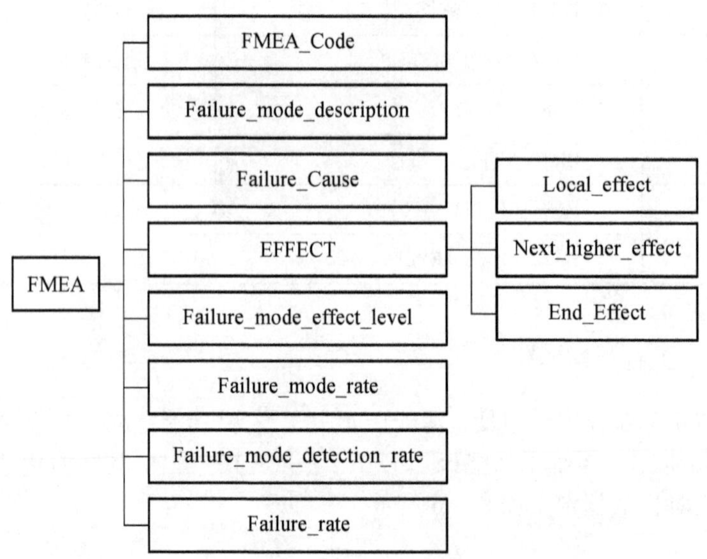

图 4.8　工程 FMEA 结构化模型

4.3.5　工程排故程序

工程排故程序主要包括：故障描述、可能原因、初步要求、故障隔离程序等信息，其数据模式如图 4.9 和图 4.10 所示，具体数据定义如表 4.7 所示。

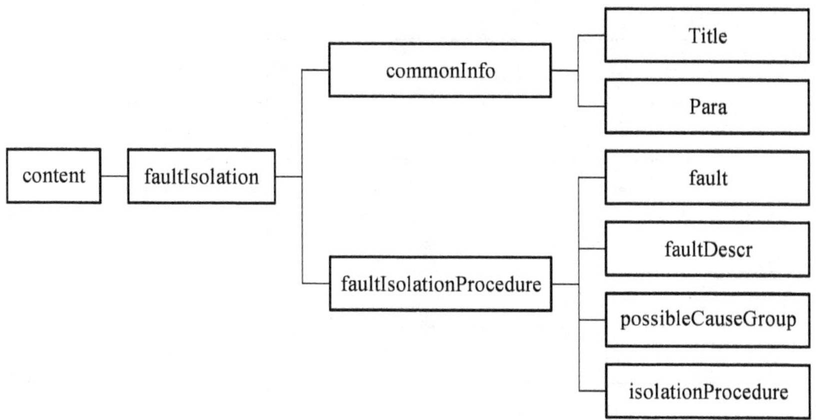

图 4.9　工程排故程序结构化模型(1)

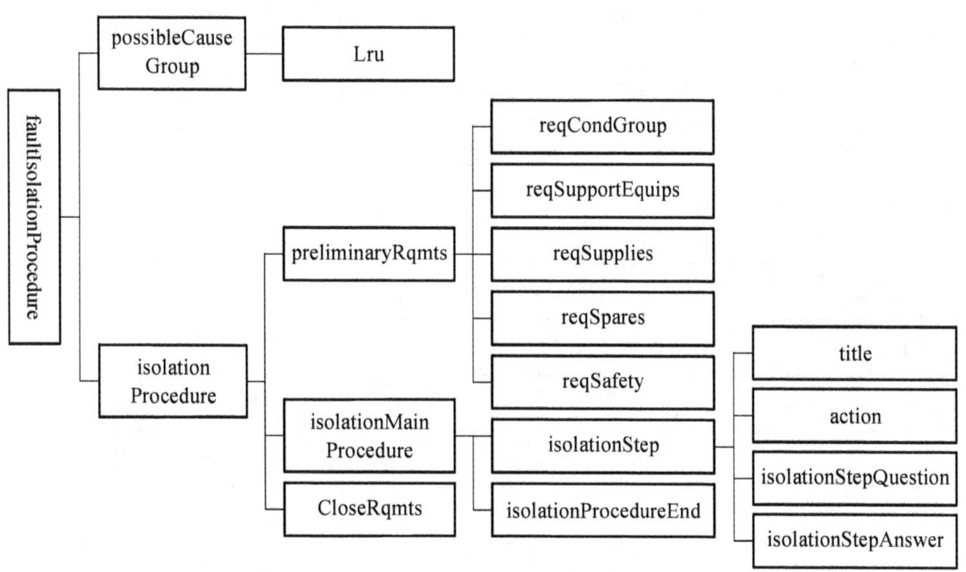

图 4.10　工程排故程序结构化模型(2)

表 4.7　工程排故程序结构化数据定义

序　号	名　　称	定　　义
1	content	主内容
1.1	faultIsolation	故障隔离
1.1.1	commonInfo	通用信息

续 表

序 号	名 称	定 义
1.1.2	faultIsolationProcedure	故障隔离程序
1.1.2.1	fault	故障名称
1.1.2.2	faultDescr	故障描述
1.1.2.3	possibleCauseGroup	潜在故障原因组
1.1.2.3.1	Lru	潜在故障 LRU
1.1.2.4	isolationProcedure	隔离程序
1.1.2.4.1	preliminaryRqmts	准备工作
1.1.2.4.1.1	reqCondGroup	环境要求
1.1.2.4.1.2	reqSupportEquips	保障设备要求
1.1.2.4.1.3	reqSupplies	消耗品要求
1.1.2.4.1.4	reqSpares	备件要求
1.1.2.4.1.5	reqSafety	安全要求
1.1.2.4.2	isolationMainProcedure	隔离主程序
1.1.2.4.2.1	isolationStep	隔离步骤
1.1.2.4.2.1.1	title	标题
1.1.2.4.2.1.2	action	操作步骤
1.1.2.4.2.1.3	isolationStepQuestion	隔离步骤问题
1.1.2.4.2.1.4	isolationStepAnswer	隔离步骤回答
1.1.2.4.2.1.4.1	listOfChoices	选择列表
1.1.2.4.2.1.4.2	yesNoAnswer	是或否
1.1.2.4.2.2	isolationProcedureEnd	隔离程序收尾
1.1.2.4.3	closeRqmts	收尾工作
1.1.2.4.3.1	reqCondGroup	环境要求
1.1.2.4.3.2	reqSupportEquips	保障设备要求

续　表

序　号	名　　称	定　　义
1.1.2.4.3.3	reqSupplies	消耗品要求
1.1.2.4.3.4	reqSpares	备件要求
1.1.2.4.3.5	reqSafety	安全要求

4.3.6　工程维修程序

工程维修程序主要包括：任务的准备工作、主程序、任务收尾工作、警告注意事项、任务所需资源等信息，其数据模式如图 4.11 所示，具体数据定义如表 4.8 所示。

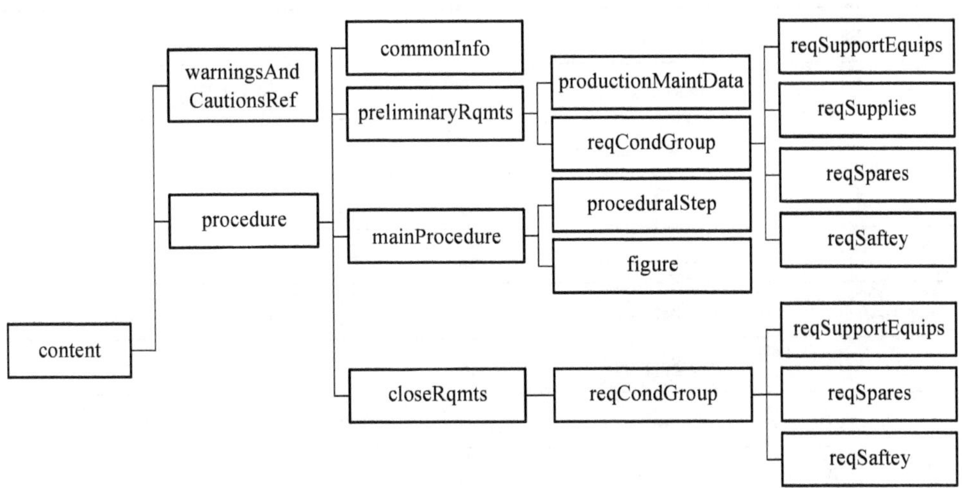

图 4.11　工程维修程序结构化模型

表 4.8　工程维修程序结构化数据定义

序　号	名　　称	定　　义
1	content	主内容
1.1	warningsAndCautionsRef	警告注意事项
1.2	procedure	程序
1.2.1	commonInfo	通用信息

续 表

序 号	名 称	定 义
1.2.2	preliminaryRqmts	准备工作
1.2.2.1	productionMaintData	产品主要数据
1.2.2.1.1	workAreaLocationGroup	区域与口盖信息
1.2.2.2	reqCondGroup	所需条件
1.2.2.2.1	reqSupportEquips	保障设备要求
1.2.2.2.2	reqSupplies	消耗品要求
1.2.2.2.3	reqSpares	备件要求
1.2.2.2.4	reqSafety	安全要求
1.2.3	mainProcedure	主程序
1.2.3.1	proceduralStep	程序步骤
1.2.3.2	figure	图
1.2.4	closeRqmts	收尾工作
1.2.4.1	reqCondGroup	所需条件
1.2.4.1.1	reqSupportEquips	保障设备要求
1.2.4.1.2	reqSupplies	消耗品要求
1.2.4.1.3	reqSpares	备件要求
1.2.4.1.4	reqSafety	安全要求

4.4 数据交换模式

鉴于设计到运行支持过程中存在数据重构的过程，因此将基于数据平台进行数据结构化和流程设计的间接交换模式，如图 4.12 所示，工程设计人员通过 PDM 平台发布技术文件或数模，运行支持人员根据更新的工程数据进行更改单创建，由于考虑到新发数据和更新数据在数据交换过程中的处理模式不同，需将其发送至各专业进行数据评估，如无问题，则进行数据结构化等信息转化，并推送至各专业进行数据迭代。

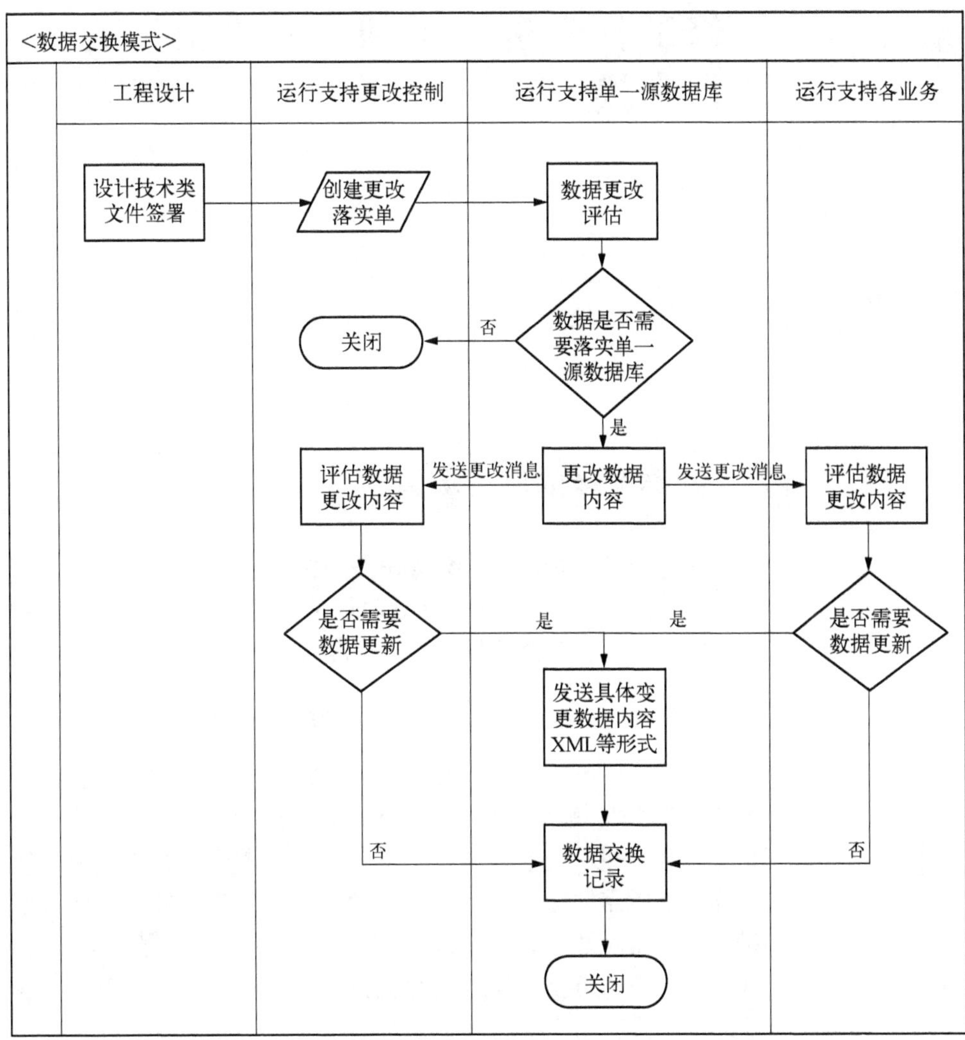
<数据交换模式>
工程设计
运行支持更改控制
运行支持单一源数据库
运行支持各业务
设计技术类文件签署
创建更改落实单
数据更改评估
数据是否需要落实单一源数据库
否
关闭
是
评估数据更改内容
发送更改消息
更改数据内容
发送更改消息
评估数据更改内容
是否需要数据更新
是
是
是否需要数据更新
发送具体变更数据内容XML等形式
否
数据交换记录
否
关闭

图 4.12　数据交换模式

第五章　维修工程分析数据到技术出版物的数据交换

5.1　数据交换的应用场景

后勤保障性分析(LSA)维修任务分析(MTA)的结果是一些被可识别事件触发的任务,比如计划门槛值、失效和特殊事件。这些任务包含了为重获维修项目的运行状态所需的每一个步骤。

5.1.1　S1000D 与 S3000L 对程序任务的定义

LSA 维护任务分析的结果是一组由确定的事件(如预定阈值、故障或特殊事件)触发的任务。在 S3000L 中,这些任务也被称为纠正任务。每个纠正任务都是自包含的,这意味着它包含恢复最终项的操作状态所需的每个步骤,即维护任务从最终项不针对任何其他维护操作的角度开始。然而,每一个纠正任务的结构都是这样的:子任务或子任务组被单独定义为支持任务。一个支持任务可以被许多纠正任务重用[41]。

图 5.1 为 S3000L 中维修程序各子任务的分解结构,说明了将维修程序(纠正任务)分解为一组子任务。

此方法不同于 S1000D 所采用的方法。在 S1000D 中,准备工作子程序和收尾工作子程序并没有定义为明确的程序步骤,而是定义为一组所需的条件。

S1000D 从操作员/维护人员的角度定义了维修任务。其中先决条件能被满足时,维护任务之间的同步和优化非常重要。

图 5.2 说明了 S3000L 中程序类任务与 S1000D 程序类数据模块内容之间的关系。S1000D 准备要求(preliminaryRqmts)部分总结了 S3000L 开始子任务,S1000D 主程序涵盖了 S3000L 核心子任务,

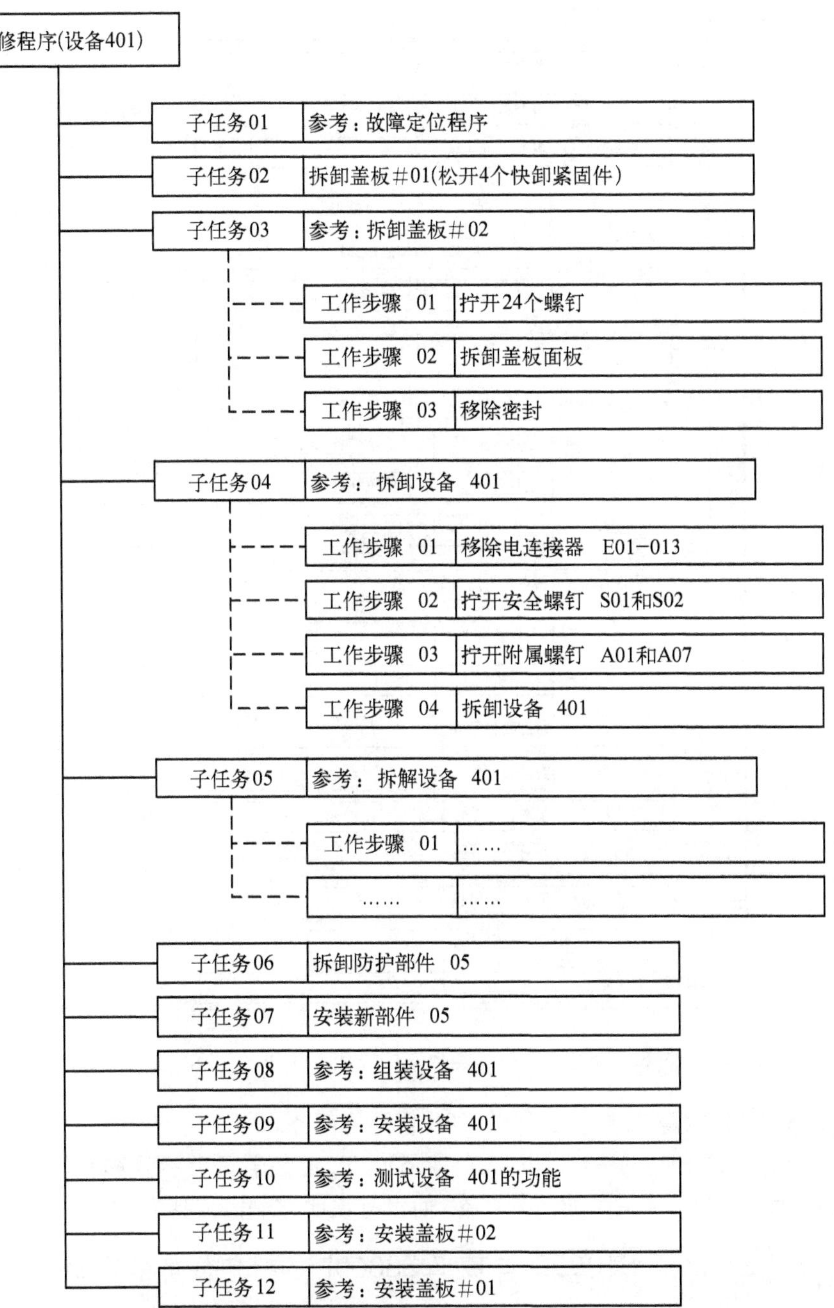

图 5.1 S3000L 中的维修程序(纠正任务)分解样例

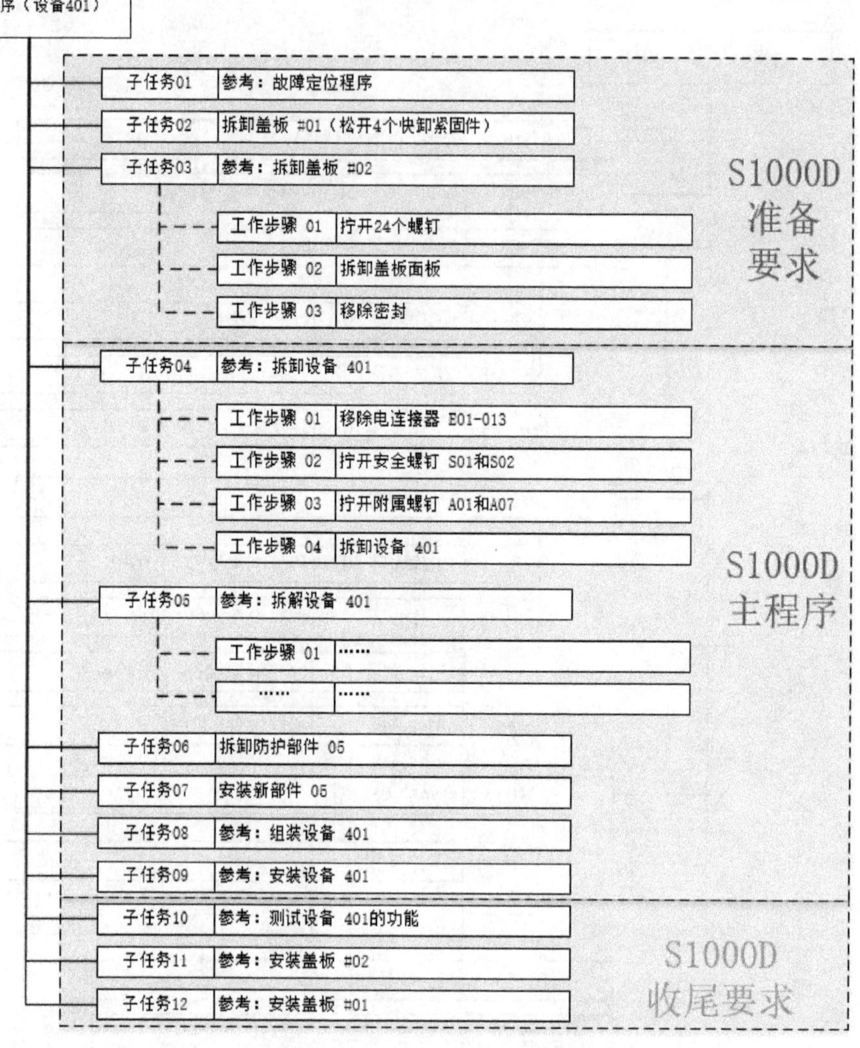

图 5.2　S1000D 程序类数据模块和 S3000L 任务结构的关系

最后 S1000D 收尾要求总结了 S3000L 收尾子任务。

这些方法之间的一个主要区别是，S3000L 定义了每个步骤和它们需要执行的顺序，而 S1000D 定义了所需的状态，而没有说明它们需要建立的顺序。

5.1.2　基于 S1000D 与基于 S3000L 的打包任务的定义

S3000L 中的打包任务被视为另一个任务，它与 S3000L 中的纠错任务一样引用其他任务作为其子任务。S3000L 中任务的打包是从定期维护的角度来描述的，例如主要的定期检查[41]。

图 5.3 概述了如何在 S3000L 中定义打包任务。

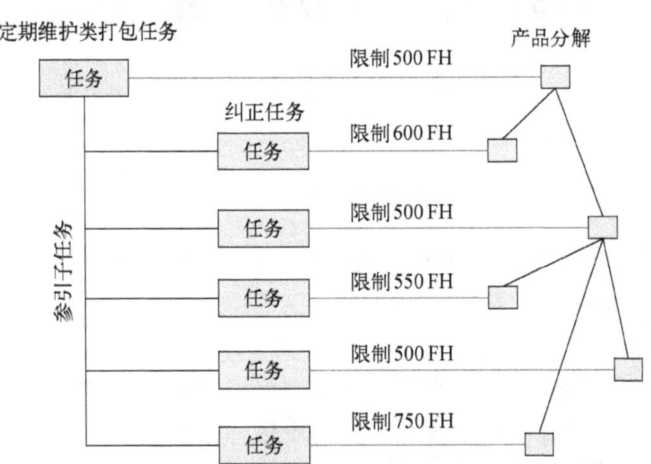

图 5.3　S3000L 中的打包任务

S1000D 任务结构可以从检查(inspectionDefinition)开始,这个检查与一个或多个任务(taskDefinition)相关,而这些任务又与一个或多个程序类数据模块相关。检查、任务和程序的结构如图 5.4 所示。

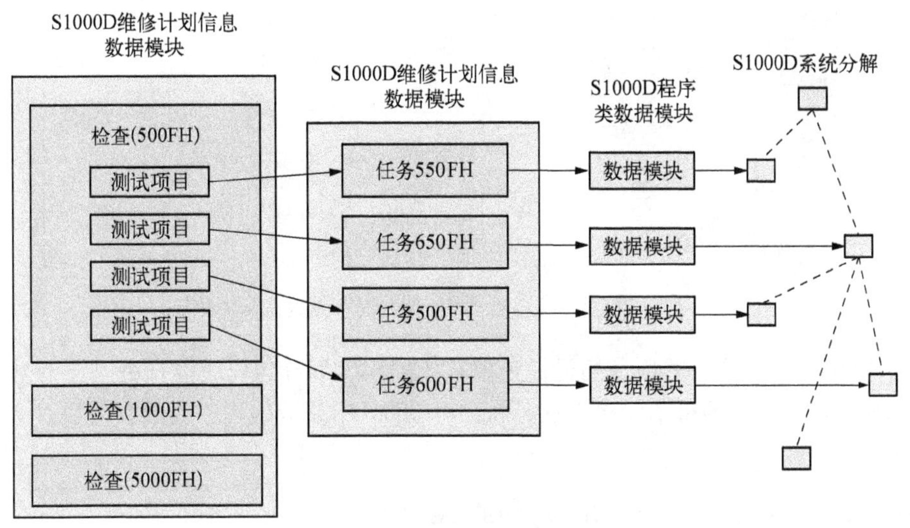

图 5.4　检查、任务和程序的结构

没有直接的方法可以将 S3000L 中的打包任务映射到 S1000D 维护计划信息 schema 中定义的 inspectionDefinition、taskDefinition 和程序等结构。但是,下文给出了一个建议的映射。

5.2 S3000L 数据模型到 S1000D 数据模块的交换范围

S3000L 为任务引入了“S1000D_task_type”属性,这使得将其移植到 S1000D 程序类和维护计划类数据模块中成为可能。

5.2.1 移植到 S1000D 数据模块

S3000L 映射的起点是重要产品的分解。产品分解中的每个元素必须以某种方式对应于 S1000D 中的硬件/系统标识。

然后,S3000L 产品分解中的每个分解元素可以与一个或多个任务相关联。然后,使用“S1000D_task_type”属性将 S3000L 任务分类为程序类任务,这些程序类任务可以被映射到一组 S1000D 程序类数据模块上。S3000L 程序类任务到 S1000D 程序类数据模块的映射如图 5.5 所示。

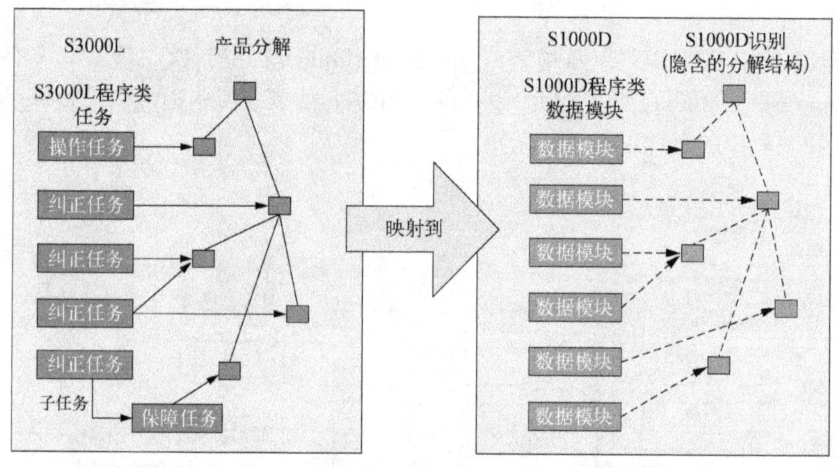

图 5.5 S3000L 程序类任务到 S1000D 程序类数据模块的映射

使用这两种规范的项目的目标是拥有相同粒度划分的程序类任务。这意味着在 S3000L 中定义的每个程序类任务将与 S1000D 中相应的程序类数据模块具有一对一的关系。

5.2.2 移植到 S1000D 的 taskDefinition

S3000L 中没有直接对应于 S1000D 的 taskDefinition 的结构概念。但是,S1000D 的 taskDefinition 可以基于每个 S3000L 任务来编写,即每个 S3000L 任务有一个 taskDefinition 实例,其中 taskDefinition 包含任务限制和对在满足限制时要执行的程序类任务的引用。S1000D 的 taskDefinition 与 S3000L 任务的关系如图 5.6 所示。

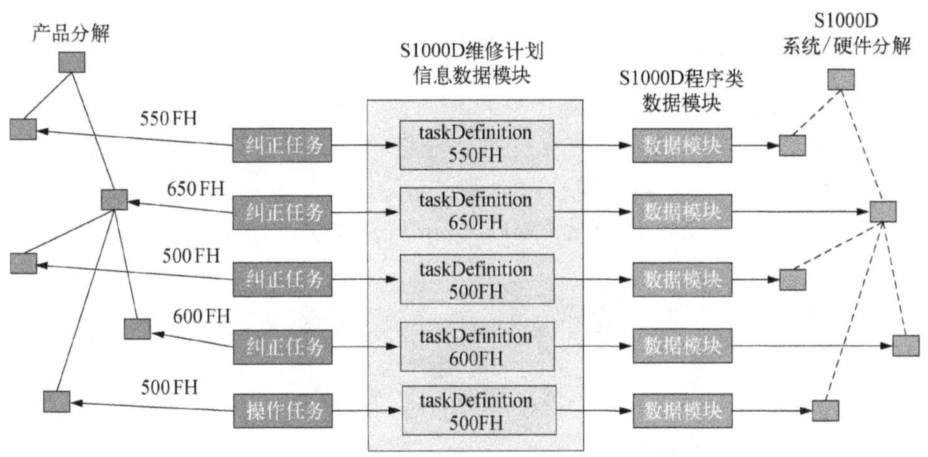

图 5.6　S1000D 的 taskDefinition 与 S3000L 任务的关系

5.2.3　移植到 S1000D 的 inspectionDefinition

把维护任务归集和打包成 S1000D 的 inspectionDefinition，可以根据 S3000L 打包任务来完成，即 S3000L 中定义的每个打包任务，例如 500 飞行小时（FH）的计划维护包，可以对应于 inspectionDefinition 的一个实例。

映射基本上包括 S3000L 中打包任务的标识、时间限制（门槛值）和对其程序类子任务的引用。S1000D 的 inspectionDefinition 与 S3000L 任务的关系如图 5.7 所示。

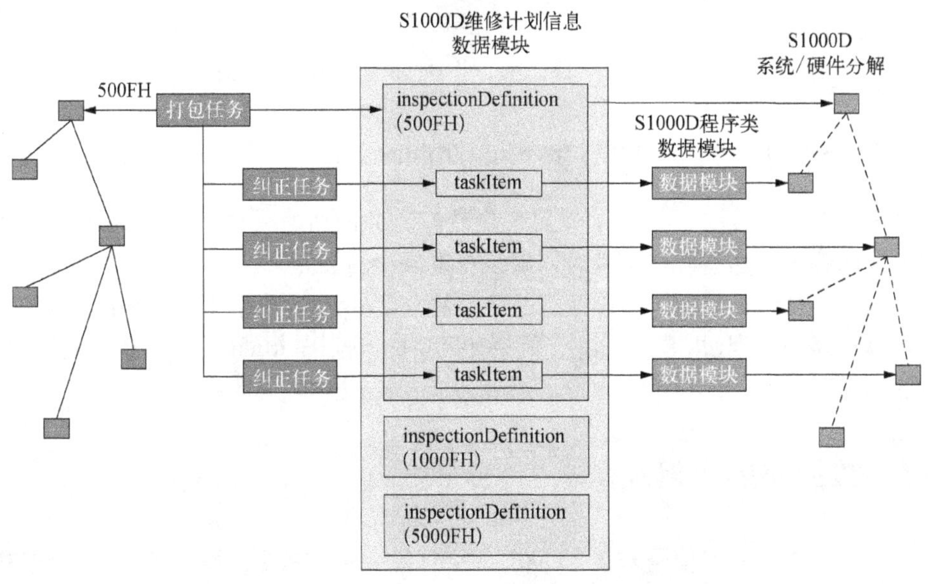

图 5.7　S1000D 的 inspectionDefinition 与 S3000L 任务的关系

5.2.4 移植到 S1000D 的 maintAllocation

S1000D 第 4.0 版在维护计划信息 schema 中引入了一个新分支,即所谓的维护分配。此分支包括与维修任务相关的维修等级和时间维护功能,以及与每个任务关联的维护级别和时间,可以通过对物理产品分解中的分解元素节点的选择来编写 maintAllocation。S1000D 的 maintAllocation 与 S3000L 的关系如图 5.8 所示。

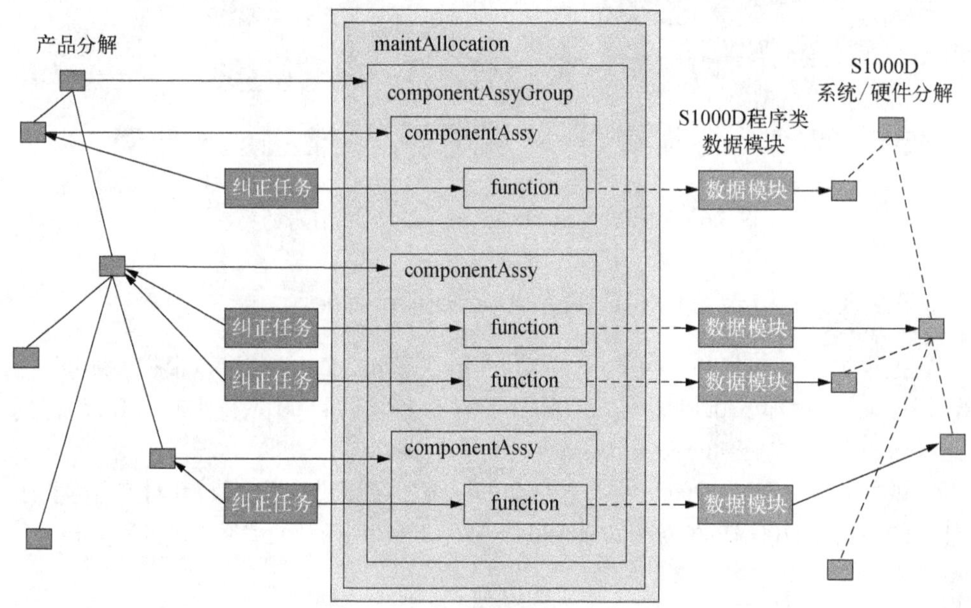

图 5.8 S1000D 的 maintAllocation 与 S3000L 的关系

5.2.5 移植到 S1000D 的 timeLimitInfo

S3000L 可以通过识别具有规定操作授权寿命的所有硬件零件来支持 S1000D 的 timeLimitInfo,这些硬件部件可以安装在重要产品上。

通过硬件元素的实现可以找到这些零件。硬件元素的实现将产品中的分解元素与其可能的实现(即零件)相关联。S1000D 的 timeLimitInfo 与 S3000L 的关系如图 5.9 所示。

5.3 数据交换元素及数据交换规则

本部分描述如何使用来自 S3000L 后勤保障分析的数据来编写 S1000D 维修程序、维修计划、适用性交叉参引表和条件交叉参引表等数据模块中的每个元素。

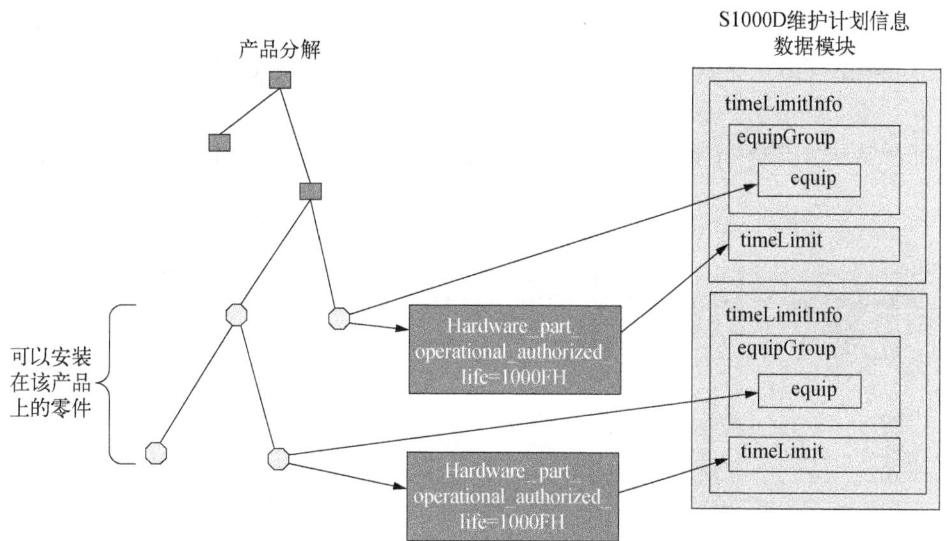

图 5.9 S1000D 的 timeLimitInfo 与 S3000L 的关系

本部分各表格中给出的根据 S3000L 映射的 schema 元素和属性，在左栏中标识。相应元素/属性的标识在其上下文中给出，即所有父元素也被定义。

例 1，如果标识元素的单元格包含以下值：

taskDefinition；

limit；

threshold；

thresholdValue。

它应解释为"在<taskDefinition><limit><threshold>上下文中使用的<thresholdValue>元素的映射"。

例 2，如果标识属性的单元格包含以下值：

taskDefinition；

limit；

threshold；

tolerance@ toleranceLow。

它应解释为"在<taskDefinition><limit><threshold>上下文中使用的<tolerance>元素的@ toleranceLow 属性的映射"。

5.3.1 S1000D 标识和状态部分交换描述

标识和状态段(identAndStatusSection)提供了寻址和控制数据模块所需的所有标识元素。它还提供了安全、质量和技术状态信息的状态元素，以及整个数据模块内容的适用性。

identAndStatusSection 对于所有 S1000D 的 schemas 都是通用的。

表 5.1 描述了 S1000D 的 identiAndStatusSection 中的元素和属性,这些元素和属性被认为是在 S3000L LSA 过程中被创建(或从被创建的数据中派生)的备选元素。

表 5.1 identAndStatusSection -元素和属性

S1000D Issue 4.0 元素名称	S1000D Issue 4.0 元素定义	S3000L Issue 1.0 元素名称	转换规则 从 S3000L 到 S1000D
dmAddress dmIdent dmCode @modelIdentCode	型号识别码	Product _ variant _ identifier	每个 Product_variant 的实例都需要有个 Product_variant_identifier, 这个 Product_variant_identifier 可以对应于 S1000D 的 <dmCode@modelIdentCode>属性
dmAddress dmIdent dmCode @system DiffCode	系统差异码表明在系统、子系统、子子系统等级别的差异	Breakdown_element_identifier, Breakdown_element_relationship_type	总体产品分解的一级约束的 Breakdown_element 属性 Breakdown_element_identifier。系统的差异码也可来源于分解元素间的关系类 Breakdown_element_relationship 的属性 Breakdown_element_ relationship_type 上面两种映射方法是显性的
dmAddress dmIdent dmCode@ systemCode/ subSystemCode/ subSubSystemCode/ assyCode	数据模块需要反映产品分解。初始分解可以通过 SNS 来描述	Breakdown_element_identifier or Part _ identifier	在 S3000L 中,每一个 LSA 候选项的分解元素和零件具有一个 Breakdown_element_identifier 或 Part_identifier。Breakdown_element_identifier 或 Part_identifier 被归类为 ASD_system_hardware_identification_code。 注意:这需要上述的 ASD_system_hardware_identification_code 在设计阶段或者 LSA 过程中建立。Breakdown_element_identifier 或 Part_identifier 由设计确定,并且在元素和零件分解过程中保持唯一
dmAddress dmIdent dmCode @disassyCode	标识维护信息应用的分解条件或部件分解顺序的分解条件	Part _ identifier or Breakdown_element_identifier	可包含在 ASD_system_hardware_identification_code,也就是说分别包含在 Part_identifier'或 'Breakdown_element_identifier 中。 ASD_system_hardware_identification_code 是为零件定义的,还是为了分解元素定义的,取决于分解的原理
dmAddress dmIdent dmCode@ disassy CodeVariant	定义在设计上有微小差异,但不足以导致系统差异码更改的设备或部件项目	Part _ identifier or Breakdown_element_identifier	参见上面关于 < dmIdent > < dmCode @ disassyCode>的讨论

续 表

S1000D Issue 4.0 元素名称	S1000D Issue 4.0 元素定义	S3000L Issue 1.0 元素名称	转换规则 从 S3000L 到 S1000D
dmAddress dmIdent dmCode@infoCode	标识数据模块中的信息类型	Information_code	维护程序类数据模块的业务规则:"信息码"是与任务关联的。 注:可以分配 S1000D 信息码(IC)给"Information_code"。使用"Information_code"对 S3000l 中的任务/子任务进行分类
dmAddress dmIdent dmCode@ infoCodeVariant	标识由信息代码定义的活动中的任何变体	Information_code associated with either the Task or its Subtasks (Subtask_by_definition or Subtask_by_reference)	维护程序类数据模块的业务规则:如果具有相同信息代码的多个任务与分解元素或部件的特定实例相关联,则这些任务将被视为信息代码变体(ICV)。这些任务可以通过适用性声明来区分,并且可以看作是替代任务。 如果一个任务包含多个具有相同"Information_code"的子任务,则这些子任务也可能是 ICV 的候选任务。这些子任务也可以通过适用性语句来区分。 需要为项目/计划建立业务规则。 例子:使用不同的测试设备执行自动化测试(342)需要两种不同的程序,即它们是替代品,没有任何明确的适用性声明
dmAddress dmIdent dmCode@ itemLocationCode	确定执行维护任务的位置	Maintenance_location_code	维护位置代码应使用 S1000D 中的标签<dmCode@itemLocationCode>定义的代码值 A、B、C、D。 注:维护位置代码分配给 S3000L 中的相应子任务,而不是整个任务
dmAddress dmAddressItems dmTitle techName	必须反映硬件或功能的名称	Breakdown_element_name or Part_name	注意:如果分解元素和零件有多个名称,则需要在项目/程序中建立一个业务规则,该规则确定要将哪个"Breakdown_element_name"或"Part_name"用作 techname。 如果单独的"Breakdown_element_name"或"Part_name"被分类为"Techname",则将使用该名称
dmAddress dmAddressItems dmTitle infoName		Task_name	Task_name
dmStatus security@ security Classification	完整数据模块的安全分类	Security_class	这可以从 S3000L 中的分解元素、部件、任务需求、任务或子任务的安全分类中导出。 业务规则: breakdown element/part/software 的安全分类应传播到与 breakdown element/part 相关联的各个任务

续 表

S1000D Issue 4.0 元素名称	S1000D Issue 4.0 元素定义	S3000L Issue 1.0 元素名称	转换规则 从 S3000L 到 S1000D
dmStatus techStandard authorityInfoAndTp techPubBase	数据模块写入的技术出版物基线	Task _ identifier @ Identifier, Task _ identifier @ Identifier _ set _ by _ organization, Task _ revision, Task _ revision_status	字段必须包含 Task_identifier 、Task_revision_identifier 和可选的 Task_revision_status,这些信息可用于数据模块的开发
dmStatus systemBreakdown Code	对于那些正在生成与其他后勤数据库内联的数据模块的项目,可以使用系统分解代码来捕获物理分解代码	Breakdown_element_identifier	分解元素在物理分解中使用的 Breakdown_element _ identifier, 即关联的分解属性 Breakdown_type 指示的“物理”值。 注: S3000L 中“功能”和“物理”分解元素之间的关联可以建立为: 两个 Breakdown_elements 之间的 Breakdown _ element _ relationship, 其中“Breakdown _ element _ relationship _ type”值设置为“Functional_to_physical_relationship”。 在多个细分类型中使用同一细分元素,即细分元素具有多个“Breakdow _ element _ Usage_in_Breakdow”实例,这将细分元素与同一产品的不同细分类型相关联(例如一个“功能”细分和一个“物理”细分)。 需要建立一个项目业务规则来定义哪一个“Breakdown_element_identifier”是主标识符(如果有多个 Breakdown_element_identifier)
dmStatus functionalItemRef @functional Item Number	功能项编号值	Breakdown_element_identifier	功能分解中使用的分解元素的 Breakdown_element _ identifier, 即关联的分解属性“Breakdown_type”指示“Functional”值
dmStatus functionalItemRef @manufacturer CodeValue	供应商 NCAGE 代码(例如外部公司提供的部件)	Part _ identifier @ Identifier _ set _ by _ organization	识别功能分解元素的零件可以通过 Hardware_part_realization 实现。为拥有 Part _identifier 的组织分配 id,其中 Organization_identifier@Identifier_class 等于“NCAGE”
dmStatus functionalItemRef name	功能项目编号命名法的编码	Breakdown_element_name	Breakdown_element_name
dmStatus applic	整个数据模块的总体适用性在 identiandstatus 部分中捕获	Applicability _statement	为维护程序类数据模块定义了适用性声明的业务规则。 与 S3000L 中的任务相关联的 Applicability_statement 可以等于整个数据模块的 <applic>元素。 关于如何应用适用性的业务规则需要在最初为项目/程序定义,并在整个项目中进行修订

续　表

S1000D Issue 4.0 元素名称	S1000D Issue 4.0 元素定义	S3000L Issue 1.0 元素名称	转换规则 从 S3000L 到 S1000D
dmStatus applic displayText simplePara	提供人类可读的适用性信息	Applicability_ statement_ description	Applicability_statement 相关的 Applicability_statement_description
dmStatus applic assert	以可计算的格式提供适用性信息，可用于支持注释内容的动态显示。<assert>指定要测试的产品属性或条件以及要测试的值	Applicability_ evaluation_by_ assertion	对应于 Applicability_evaluation_by_ assertion _of _ class _ instance 或者 Applicability _ evaluation_by_assertion_of_ condition
dmStatus referenced ApplicGroup applic@id	元素的标识符	Applicability_ statement_identifier	对应 Applicability_statement_identifier
dmStatusreason ForUpdate	简要说明更新数据模块的原因	Task _ revision _ change_description	对应 Task_revision_change_description

附注 1：产品分解在设计过程中定义，S1000D 和 S3000L 都使用此分解结构作为定义任务的锚定点。应当认识到，S3000L 过程可以识别在设计分解中未明确的附加候选分解元素。然而，这些额外的候选者总是以某种方式映射回设计分解结构。区域分解元素是 LSA 期间可能创建的分解元素的示例。

附注 2：对于 S1000D，标准编号系统（standard numbering system，SNS）将应用于分解元素。S1000D 基于分配给任务和子任务的 S3000L 信息代码（Information_codes）来分配信息码（IC 码）。当构建完整的 DMC 时，它们将被交换回 S3000L 环境，以提供任务和/或子任务和数据模块之间的可跟踪性。

附注 3：在 S3000L“引用”现有任务叙述的情况下，必须与 S1000D 交换，以便 S1000D 看到任务需要一个在多个地方使用的数据模块。

附注 4：当交换对信息差异码（ICV）时，必须交换 ICV 的纯文本定义，以便在 S1000D 中适当地修改元素<infoName>。例如，SNS = wheel，Infoname = remove，ICV = front left 或 rear left，ICV = A，ICV = B。

附注 5：<applic>和<referencedApplicGroup>的用法在整个 schema 中都是相同的，并且不会在 schema 中重复使用。

5.3.2 S1000D 程序类的要求

维护程序 schema 用于捕获和描述程序信息。维护程序数据模块的粒度是遵循标准编号系统(SNS)的分解、信息码反映维护计划中确定的任务。程序涵盖了执行任务所需的所有信息,并描述了:

(1) 在主程序启动前必须完成的任何操作或必须满足的条件(准备要求<preliminaryRqmts>),包括人员、所需技术信息、支持设备,完成程序所需的消耗品和备件,执行的详细过程步骤(<mainProcedure>);

(2) 在主程序完成后,为使产品恢复到可用状态或使产品处于可用状态必须满足的条件所需的任何操作(<closeRqmts>)。

在 contents 元素有一个 warningAndCautions 元素。这是一个集合元素,可以包含数据模块所需的所有警告和警戒。然后数据模块中的元素可以参引警告或警戒。此元素需要由作者填充。

5.3.2.1 准备要求交换描述

表 5.2 描述了 preliminaryRqmts(准备要求)中的元素和属性[41]。

表 5.2 preliminaryRqmts -元素和属性

S1000D Issue 4.0 元素名称	S1000D Issue 4.0 元素定义	S3000L Issue 1.0 元素名称	转换规则 从 S3000L 到 S1000D
preliminaryRqmts productionMaintData zoneRef@zoneNumber	区域划分信息 (一个或多个)	Breakdown_element_identifier	可以派生自:"核心"子任务,以及与细分元素关联的区域中它们各自的子任务或者假设与正在执行的任务和/或"核心"子任务的细分元素的 Hardware_element_in_zone_relationship。 关联的 Zone_element 也须分类为 Zone(即属性 Zone_element_type 设置为"Zone")
preliminaryRqmts productionMaintData accessPointRef@ accessPointNumber	描述任何(一个或多个)口盖,如面板、门、出口	Breakdown_element_identifier	可从提供接近的子任务(例如通过口盖)派生。这些子任务使用 Information_code = 540 进行分类,并且必须是"启动"类型的子任务。 <accessPointRef@accessPoint Number>的值可以是分解元素的标识符 Subtask_target_item。 注:这也适用于"收尾"子任务,收尾子任务将按信息代码 = 740 分类

续 表

S1000D Issue 4.0 元素名称	S1000D Issue 4.0 元素定义	S3000L Issue 1.0 元素名称	转换规则 从 S3000L 到 S1000D
preliminaryRqmts productionMaintData accessPointRef@ accessPointTypeValue	口盖类型	Hardware_element_type	有关映射信息，请参见上面的<accessPointRef@accessPoint Number>
preliminaryRqmts productionMaintData accessPointRef name	口盖名称	Breakdown_element_name	有关映射信息，请参见上面的<accessPointRef@accessPoint Number>
productionMaintData workArea	完成工作的区域	Breakdown_element_name	可以派生自："核心"子任务，以及各分解元素的 Subtask_in_zone association 或者假设与正在执行任务和/或"核心"子任务的分解元素的 Hardware_element_in_zone_relationship 相同。 关联的 Zone_element 也须分类为工作区(即属性 Zone_element_type 设置为"工作区")
productionMaintData taskDuration@ unitOfMeasure	所有任务(启动、过程和收尾)的度量单位	Subtask_duration/Task_duration	Property_representations 的最低公共时间单位，用于表示所考虑任务/子任务持续时间
productionMaintData taskDuration@ startupDuration	执行准备工作的时长	Subtask_duration/Task_duration	汇总所有分类为"启动"的子任务的持续时间。 注：汇总还必须考虑到任何参引的子任务的时长
productionMaintData taskDuration@ procedureDuration	执行主程序的时长	Subtask_duration/Task_duration	汇总所有分类为"核心"的子任务的时长。 注：还要考虑引用子任务的时长
productionMaintData taskDuration@ closeupDuration	收尾工作的时长	Subtask_duration/Task_duration	汇总所有分类为"收尾"的子任务的时长。 注：还要考虑引用子任务的时长
preliminaryRqmts reqCondGroup	必需的条件是在执行数据模块主程序之前必须执行的操作和/或必须满足的条件	Subtask	由子任务定义，其中子任务角色被分类为"启动"
reqCondGroup noCond	如果程序没有必需的操作/条件，则必须使用元素<noconds>	Subtask_role	对于 S3000L 中没有"Startup"子任务，这可以通过将第一个子任务的 Subtask_role 值设置为"Core_no_required_conditions"来指示

续 表

S1000D Issue 4.0 元素名称	S1000D Issue 4.0 元素定义	S3000L Issue 1.0 元素名称	转换规则 从 S3000L 到 S1000D
reqCondGroup reqCondNoRef reqCond	没有引用数据模块或技术出版物(简单文本)的简单操作/条件	(Task_name &) Subtask_name and Subtask_objective_state	Subtask_by_definition 的业务规则:被分类为"Startup",并且具有关联的"Subtask_objective_state"实例的 Subtask_by_definition,为其定义一个<reqCondNoRef><reqCond>。 例外情况:Subtask_objective_state 的关联实例是 Subtask_circuit_breaker_state,这样的 Subtask_by_definition 是例外。断路器在<reqCondGroup><reqCircuitBreakerList>中有一个单独的必需条件元素
reqCondGroup reqCondPm pmRef pmRefIdent pmCode	发布模块代码	Document_identifier	与 Subtask_by_external_reference 关联的 External_document 的 Document_identifier,其中:Subtask_role 定义为"启动";Document_identifier 分类为"Publication_module_code"
reqCondGroup reqCondPm pmRef pmRefIdent issueInfo@ issueNumber	解决特定目标数据模块发布所需的发布信息	Document_issue_identifier	与 Subtask_by_external_reference 关联的 External_document 的 Document_identifier,其中:Subtask_role 定义为"启动"
reqCondGroup reqCondPm reqCond	包含必需的操作/条件语句	Document_title	与 Subtask_by_external_reference 关联的 External_document 的 Document_title
reqCondGroup reqCondExternalPub externalPubRef externalPubRefIdent externalPubCode	作为文本内容,包含标识非 S1000D 文档的代码,例如 ISBN 代码或类似代码	Document_identifier	与 Subtask_by_external_reference 关联的 External_document 的 Document_identifier,其中:Subtask_role 定义为"启动";Document_identifier 没有被分类为 Publication_module_code。 注:所需条件将在其他技术文件中描述(可能在 LSAR 中,也可能不在 LSAR 中)
reqCondGroup reqCondExternalPub externalPubRef externalPubRefIdent externalPubTitle	作为文本内容,包含标识非 S1000D 文档的代码,例如 ISBN 代码或类似代码	Document_title	与 Subtask_by_external_reference 关联的 External_document 的 Document_identifier,其中:Subtask_role 定义为"启动"

续　表

S1000D Issue 4.0 元素名称	S1000D Issue 4.0 元素定义	S3000L Issue 1.0 元素名称	转换规则 从 S3000L 到 S1000D
reqCondGroup reqCondExternalPub externalPubRef externalPubRefIdent externalPubIssueInfo externalPubIssue	发布有关参考非 S1000D 文件的信息	Document_issue_identifier	与 Subtask_by_external_reference 关联的 External_document 的 Document_identifier,其中:Subtask_role 定义为"启动"
reqCondGroup reqCondExternalPub reqCond	包含必需的操作/条件语句	Document_title	与 Subtask_by_external_reference 关联的 External_document 的 Document_identifier,其中:Subtask_role 定义为"启动"
reqCondGroup reqCondCircuitBreaker reqCond	断路器列表必须包含的必要条件(简单文本语句)。该 schema 提供了从单个数据模块到断路器信息(保存在 CB 技术存储库数据模块中)的链接能力	Subtask_name	每个 Subtask_by_definition 都有一个<reqCondCircuitBreaker>,其中:Subtask_role 被分类为"启动",并且 Subtask_by_definition 至少有一个关联的 Subtask_circuit_breaker_state。 <reqCond>用 Subtask_name 填充
reqCondGroup reqCondCircuitBreaker circuitBreakerDescrGroup circuitBreakerDescr SubGroup circuitBreakerDescr circuitBreakerRef@ circuitBreakerNumber	断路器编号	Circuit_breaker_identifier	与 Subtask_circuit_breaker_state 关联的 Circuit_breaker 的 Circuit_breaker_identifier
reqCondGroup reqCondCircuitBreaker circuitBreakerDescrGroup circuitBreakerDescrSub Group circuitBreakerDescr circuitBreakerRef@ circuitBreakerType	断路器类型	Circuit_breaker_type	与 Subtask_circuit_breaker_state 关联的 Circuit_breaker 的 Circuit_breaker_type。 S1000D 定义的断路器类型为:"eltro"(电子断路器),"elmec"(机电断路器),"clip"(供应用虚断路器)
reqCondGroup reqCondCircuitBreaker circuitBreakerDescrGroup circuitBreakerDescrSub Group circuitBreakerDescr circuitBreakerRef@ circuitBreakerAction	对断路器执行的操作	Subtask_objective_state	Subtask_circuit_breaker_state 通过其 id 和所需状态(Subtask_objective_state)标识特定的断路器。 S1000D 定义的断路器状态为:"打开""关闭""验证打开"和"验证关闭"

续 表

S1000D Issue 4.0 元素名称	S1000D Issue 4.0 元素定义	S3000L Issue 1.0 元素名称	转换规则 从 S3000L 到 S1000D
reqCondGroup reqCondCircuitBreaker circuitBreakerDescrGroup circuitBreakerDescrSub Group circuitBreakerDescr name	断路器的名称	Circuit _ breaker _ name	与 Subtask_circuit_breaker_state 相关联的 Circuit _ breaker being associated 的 Circuit_breaker_name
preliminaryRqmts reqPersons	需要执行该程序的每个人都可以与项目定义的适当信息一起列出：类别、技能水平、行业/行业代码和每人花费的估计时间	Task _ personnel _ resource	Subtask_role 分类为“核心”的所有子任务的 Task _ personnel _ resource 摘要
preliminaryRqmts reqPersons personnel	通过按类别、技能级别和行业/行业代码以及特定技能(类别、技能级别、行业)的人员数量对人员进行分组,包含任务所需人员的信息	Task _ personnel _ resource	Task _ personnel _ resource ，其中 Task_personnel_resource_role 不是以“Man”开头
preliminaryRqmts reqPersons personnel@ numRequired	一定类别、技能水平和行业相结合的人员数量	Task _ number _ of _ personnel_resource	Task _ personnel _ resource 的属性 Task _ number _ of _ personnel _ resource
preliminaryRqmts reqPersons personnel personCategory@ personCategoryCode	此人的类别级别	Trade_name	与 Task_personnel_resource 关联的 Trade 的 Trade_name。 Trade 可以通过能力与 Task _ personnel_resource 直接相关联,也可以通过技能作为能力与 Task_ personnel_resource 相关联
preliminaryRqmts reqPersons personnel personSkill@ skillLevelCode	一个人的技能水平	Skill_level_name	与 Task _ personnel _ resource 关联的 Skill_level 的 Skill_level_name
preliminaryRqmts reqPersons personnel trade	所需人员的行业代码	Skill_code	与 Task_personnel_resource 关联的 Skill 的 Skill_code

续　表

S1000D Issue 4.0 元素名称	S1000D Issue 4.0 元素定义	S3000L Issue 1.0 元素名称	转换规则 从 S3000L 到 S1000D
preliminaryRqmts reqPersons personnel estimatedTime	估计该人员执行任务所需的时间。时间必须以小时为单位，小数点后一位，例如 2.4 小时或天，例如 1.5 天	Task _ personnel _ resource _ labour _ time	Task _ personnel _ resource attribute 的属性 Task _ personnel _ resource _ labour_time。 注：estimatedTime @ unitOfMeasure 由"Task_personnel_resource_ labour _timeProperty _ representation"中给定的 Unit 填充
preliminaryRqmts reqPersons personnel estimatedTime@ unitOfMeasure	估计时间的度量单位	Task _ personnel _ resource _ labour _ time	有关映射信息，请参阅上面的 <preliminaryRqmts> < reqPersons > <personson><estimatedTime>
preliminaryRqmts reqPersons person	当需要单独指定人员时，任务所需人员的技能信息	Task _ personnel _ resource	Task _ personnel _ resource，其中 Task _ personnel _ resource _ role 以"Man_"开头
preliminaryRqmts reqPersons person@man	个人的字母标识符，从 A 开始	Task _ personnel _ resource_role	Task _ personnel _ resource 的属性 Task_personnel_resource_role
preliminaryRqmts reqPersons person personCategory@ personCategoryCode	人员的类别级别。项目必须列出他们的代码，如电工、推进工程师、维修人员	Trade_name	与 Task_personnel_resource 相关联的 Trade 的 Trade_name。 Trade 可以直接作为所选能力与 Task_personnel_resource 相关联，也可以通过技能作为能力与 Task _ personnel_resource 相关联
preliminaryRqmts reqPersons person personSkill@ skillLevelCode	表示人员必须达到的技能水平，才能在程序中履行其职责，如基本、中级或高级	Skill_level_name	与 Task_personnel_resource 相关联的 Skill_level 的 Skill_level_name
preliminaryRqmts reqPersons person trade	个人的行业或行业代码	Skill_code	与 Task_personnel_resource 相关联的 Skill 的 Skill_code
preliminaryRqmts reqPersons person estimatedTime	估计该人员执行任务所需的时间	Task _ personnel _ resource _ labour _ time	每个 required personnel resource 都有 Task_personnel_resource_labour_ time。 注：estiamatedTime @ unitOfMeasure 由 Task_personnel_resource_ labour_ timeProperty_representation 的 Unit 填充

续 表

S1000D Issue 4.0 元素名称	S1000D Issue 4.0 元素定义	S3000L Issue 1.0 元素名称	转换规则 从 S3000L 到 S1000D
preliminaryRqmts reqSupportEquips	完成程序所需的支持设备,包括专用工具	Task _ material _ resource	所有 Subtask 的 Task _ material _ resource 的摘要,其中: Subtask _ role 分类为"核心"且 Task _ material _ resource _ category 类别设置为"Support_ equipment"
preliminaryRqmts reqSupportEquips supportEquipDescrGroup supportEquipDescr name	支持设备的名称(命名法)	Resource_ specification_name or Part_name	如果 Task _ material _ Resource 是 Task _ material _ Resource _ by _ specification 的实例,则为 Resource _specification_name。 如果 Task _ material _ resource 是 Task _ material _ resource _ by _ reference 的实例,则为 Part_name
preliminaryRqmts reqSupportEquips supportEquipDescrGroup supportEquipDescr catalogSeqNumberRef@ catalogSeqNumberValue	提供到关联零件数据模块的链接	Part_identifier	被分类为 Catalogue _ sequence _ number 的 Part_identifier。 通过 Task _material _resource_ by_ reference 标识
preliminaryRqmts reqSupportEquips supportEquipDescrGroup supportEquipDescr natoStockNumber fullNatoStockNumber	支持设备的北约库存编号(NSN)	Part_identifier	被分类为 Nato _ stock _ number 的 Part_identifier。 通过 Task _material _resource_ by_ reference 标识
preliminaryRqmts reqSupportEquips supportEquipDescrGroup supportEquipDescr identnumber manufacturerCode	制造商的识别信息	Part_identifier	被分类为 OEM_part_ identification _code 的 Part_identifier。 通过 Task _material _resource_ by_ reference 标识
preliminaryRqmts reqSupportEquips supportEquipDescrGroup supportEquipDescr identnumber partAndSerialNumber partNumber	零件号	Part_identifier	被分类为 Supplier _ part _ identification _ code 的 Part _ identifier。 通过 Task _material _resource_ by_ reference 识别
preliminaryRqmts reqSupportEquips supportEquipDescrGroup supportEquipDescr toolRef@toolNumber	为管理技术信息存储库的项目引用工具	Resource_ specification_ identifier	Task _ material _ resource _ by _ specification 的属性 Resource _ specification_identifier,其中 Task _ material_resource 是 Task_material_ by_specification 的实例

续　表

S1000D Issue 4.0 元素名称	S1000D Issue 4.0 元素定义	S3000L Issue 1.0 元素名称	转换规则 从 S3000L 到 S1000D
preliminaryRqmts reqSupportEquips supportEquipDescrGroup supportEquipDescr reqQuantity	支持设备项目的数量	Task_material_resource_quantity	注意：任务的 Task_material_resource_quantity，可以使用 Task_aggregated_resource_assignment 提供；也可以使用 Subtask_aggregated_resource_assignment 进行汇总。此方法还可能需要使用 Subtask_timeline。 注：reqQuantity@unitOfMeasure 由 Task_material_resource_quantity property representation 中给定的 Unit 填充
preliminaryRqmts reqSupportEquips supportEquipDescrGroup supportEquipDescr reqQuantity@ unitOfMeasure	需求量的度量单位	Task_material_resource_quantity	可参见 <preliminaryRqmts> <reqSupportEquips> <supportEquipDescrGroup> <supportEquipDescr> <reqQuantity>
preliminaryRqmts reqSupplies	完成该程序所需的任何消耗品(如油、润滑脂、锁线)、材料(垫片片、金属片)和消耗品(如 O 型圈、垫片、止动垫圈)的清单	Task_material_resource	所有 Subtask 的 Task_material_resource 摘要，其中：Subtask_role 分类为“Core”且 Task_material_resource_category 设置为“Supply”
preliminaryRqmts reqSpares	完成程序所需的任何备件的列表	Task_material_resource	所有 Subtask 的 Task_material_resource 摘要，其中：Subtask_role 分类为“Core”且 Task_material_resource_category 设置为“Spare”
preliminaryRqmts reqSafety safetyRqmts warning warningAndCautionPara	此处必须列出适用于数据模块中的程序和作业完成后的要求的任何警告	Warning_caution_or_note	与任务本身或其任何“启动”子任务关联的 Warning_caution_or_note (其中 Warning_caution_or_note_type='Warning')
preliminaryRqmts reqSafety safetyRqmts caution warningAndCautionPara	此处必须列出适用于数据模块中的程序和作业完成后的要求的任何警戒事项	Warning_caution_or_note	与任务本身或其任何“启动”子任务关联的 Warning_caution_or_note (其中 Warning_caution_or_note_type= Caution)
preliminaryRqmts reqSafety safetyRqmts note notePara	此处必须列出适用于数据模块中的程序和作业完成后的要求的任何注释	Warning_caution_or_note	与任务本身或其任何“启动”子任务关联的 Warning_caution_or_note (其中 Warning_caution_or_note_type= Note)

附注 1：同样的规则也适用于<closeRqmts><reqCondGroup>。

附注 2：同样的规则也适用于备件<reqSpares>和补给<reqSupplies>。

附注 3：需要处理从 S3000L 子任务到 S1000D<reqCondGroup>的资源汇总。

5.3.2.2 主程序（主功能）交换描述

表 5.3 描述了 S1000D 主程序中的元素和属性，在 S1000D 第 3.0 版（及更早版本）中称为主功能（mainfunc）。

表 5.3 mainProcedure -元素和属性

S1000D Issue 4.0 元素名称	S1000D Issue 4.0 元素定义	S3000L Issue 1.0 元素名称	转换规则 从 S3000L 到 S1000D
mainProcedure@independentCheck	整个过程必须有一个特定的条件来监督	Task_personnel_resource_role	如果在每个核心 Subtask 中，都有被分类为 Supervisor 的 Task_personnel_resource
mainProcedure@skillLevelCode	（最低）整个过程所需的技能	Skill_level_name	与 Task_personnel_resource 相关联的 Skill_level 的 Skill_level_name 确定执行整个任务所需的最低技能（实际上是任务中定义的最高技能）。需要为项目定义与技能代码相关的规则
mainProcedure@securityClassification	安全和限制性标记	Security_class	这可以从 S3000L 中 Breakdown_element、Part，Task_requirement、Task 或者 Subtask 的安全分类中导出。 业务规则：breakdown element/part/software 的安全分类应传播到与 breakdown element/part 相关联的各个任务
mainProcedure proceduralStep	包含程序中的步骤	Subtask	业务规则：为每个 S3000L“核心”子任务创建一个步骤
mainProcedure proceduralStep@independentCheck	整个步骤或单个步骤/子步骤必须由具有给定资格的主管检查	Subtask_objective_state or Task_personell_resource_role	在 S3000L 中可以定义为一个单独的 Subtask，Subtask_objective_state 设置为“Task_checked”。 和/或有一个具有“Quality_assurance”角色的 Task_personell_resource。 注：包含所有嵌套的 Subtask_by_reference
mainProcedure proceduralStep@skillLevelCode	整个过程和/或使用属性 Skill 的单个步骤/子步骤所需的技能级别	Skill_level_name	与 Task_personnel_resource 关联的 Skill_level 的 Skill_level_name。 确定执行整个子任务所需的最低技能（实际上是任务中定义的最高技能）。需要为项目定义与技能级别相关的规则。 注：包含所有嵌套的 Subtask_by_reference

续 表

S1000D Issue 4.0 元素名称	S1000D Issue 4.0 元素定义	S3000L Issue 1.0 元素名称	转换规则 从 S3000L 到 S1000D
mainProcedure proceduralStep@ securityClassification	安全和限制性标记	Security_class	与子任务相关的安全分类。 这可以从 S3000L 中 Breakdown_element、Part,Task_requirement、Task 或者 Subtask 的安全分类中导出
mainProcedure proceduralStep title	步骤或子步骤序列的标题	Subtask_name/Task_name	Subtask_name,如果 Subtask 是 Subtask_by_definition 的实例。 被引用 Task 的 Task_name,如果 Subtask 是 Subtask_by_reference 的实例
mainProcedure proceduralStep warning warningAndCaution Para	适用于程序步骤的任何警告	Warning_caution_or_note	与 Subtask 关联的 Warning_caution_or_note (其中 Warning_caution_or_note_type = Warning)
mainProcedure proceduralStep caution warningAndCaution Para	适用于程序步骤的任何警告	Warning_caution_or_note	与 Subtask 关联的 Warning_caution_or_note (其中 Warning_caution_or_note_type = Caution)
mainProcedure proceduralStep note notePara	适用于程序步骤的任何注释	Warning_caution_or_note	与 Subtask 关联的 Warning_caution_or_note (其中 Warning_caution_or_note_type = Note)
mainProcedure proceduralStep circuitBreakerDescr Group	步骤还可以包含断路器列表	Subtask and Subtask_circuit_breaker_state	分类为"Core"的子任务(Subtask_role),具有 Subtask_circuit_breaker_state 的关联实例。Subtask_circuit_breaker_state 通过其 id 和所需状态标识特定的断路器
mainProcedure proceduralStep para	将捕获子任务的叙述	Subtask_description	Subtask_description

5.3.3 S1000D 计划要求

计划 schema 将用于包含维护计划信息。这些数据模块的粒度由标准编号系统(SNS)的应用决定。

此 schema 具有提供四种维护计划信息的结构元素。这些是时间限制信息<timeLimitInfo>、任务列表<taskDefinition>、检查列表<inspectionDefinition>和维护分配<maintAllocation>。

5.3.3.1 任务定义交换描述

表 5.4 描述了 S1000D 元素<taskDefinition>中的元素和属性。

表 5.4 taskDefinition -元素和属性

S1000D Issue 4.0 元素名称	S1000D Issue 4.0 元素定义	S3000L Issue 1.0 元素名称	转换规则 从 S3000L 到 S1000D
taskDefinition	与系统相关的任务信息	Task	适用于作为 Rectifying_task 实例的 Task，其中 S1000D _ task _ type _ code 的值设置为"Procedure"。 S1000D_task_type 属性定义 S3000L 中的任务如何与 S1000D 中定义的 schema 相对应。建议值："Procedure" = S1000D 程序类 schema，"Package" = S1000D 计划类 schema
taskDefinition@ taskIdent	任务列表的标识符	Task_identifier	Task_identifier
taskDefinition@ taskCode	要完成的工作类型(如 GVI、DET、VSK)	Information_code	任务属性 Information_code
taskDefinition@ skillLevelCode	任务所需的技能水平(由项目定义)	Skill_level_name	Skill_level 源自 Skill_code
taskDefinition@ skillType	执行任务的人员所需的主要技术能力，如机身、电气、航空电子、发动机	Trade_name	Trade_name 可以源自 Skill_code，也可以作为 Competence 直接与 Task _ personnel _ resource 相关
taskDefinition task	关于任务的任何一般信息	Task	从 S3000L 的角度来看，每个任务定义只有一个任务
taskDefinition task taskTitle	<taskTitle>包含任务的简短文本描述	Task_name	Task_name
taskDefinition task taskDescr	<taskDescr>包含任务的更完整的文本描述	Task_name	Task_name 注：S3000L 中没有比 Task_name 更完整的任务文本描述
taskDefinition rqmtSource	需求的发起	Authority _ driven _ task_requirement	如果 Task 与 Authority _ driven _ task _ requirement 的实例关联，则作为 Task 的理由

续　表

S1000D Issue 4.0 元素名称	S1000D Issue 4.0 元素定义	S3000L Issue 1.0 元素名称	转换规则 从 S3000L 到 S1000D
taskDefinition rqmtSource@ sourceOfRqmt	指示需求源的代码。此代码的值包括 MSG3、CMR 和 AD	Task_requirement_authority_source_type	Task_requirement_authority_source_type
taskDefinition rqmtSource@ sourceIdent	需求来源的文件编号或来源的标题(如果没有编号)	Document_identifier or Document_title	以角色 Directive 或 Source 分配给 Authority_driven_task_requirement 的 Document 的 Document_identifier 或 Document_name
taskDefinition rqmtSource issueInfo@ issueNumber	源文档的发行号	Document_issue_identifier	有关映射信息,请参见<taskDefinition><rqmtSource@sourceIdent>上面
taskDefinition refs externalPubRef externalPubRefIdent externalPubCode	作为文本内容,包含标识非 S1000D 文档的代码,例如 ISBN 代码或类似代码	Document_identifier	Document_identifier,如果 Task 有一个或多个"核心"子任务,这些子任务是 Subtask_by_external_reference 的实例,并且相关联的 External_document 的 Document_identifier 未分类为"Publication_module_code"
taskDefinition refs externalPubRef externalPubRefIdent externalPubTitle	作为文本内容,包含标识非 S1000D 文档的代码,例如 ISBN 代码或类似代码	Document_title	与 Subtask_by_external_reference 关联的 External_document 的 Document_title
taskDefinition refs externalPubRef externalPubRefIdent externalPubIssueInfo externalPubIssue	包含有关引用的非 S1000D 文档的发布信息	Document_issue_identifier	与 Subtask_by_external_reference 关联的 External_document 的 Document_issue_identifier
taskDefinition refs pmRef pmRefIdent pmCode	包含构成目标数据模块唯一标识的项	Document_identifier	Document_identifier,如果 Task 有一个或多个"核心"子任务,这些子任务是 Subtask_by_external_reference 的实例,并且相关联的 External_document 的 Document_identifier 分类为"Publication_module_code"
taskDefinition refs pmRef pmRefIdent issueInfo@ issueNumber	解决特定目标数据模块问题所需的发布信息	Document_issue_identifier	与 Subtask_by_external_reference 关联的 External_document 的 Document_issue_identifier,其中子任务角色定义为"Startup"

续 表

S1000D Issue 4.0 元素名称	S1000D Issue 4.0 元素定义	S3000L Issue 1.0 元素名称	转换规则 从 S3000L 到 S1000D
taskDefinition equipGroup equip	提供一组信息，用于描述作为任务主题、在任务中使用或与任务关联的设备	Part	如果 task_target_item 是 Part 或 Breakdown_hardware_element，则可以从与 Task_plan 关联的 task_target_item 派生 Part 信息
taskDefinition equipGroup equip name	属于与任务列表相关的系统的设备的术语	Part_name	Part_name
taskDefinition equipGroup equip natoStockNumber fullNatoStockNumber	与任务列表相关的系统所属设备的北约库存编号	Part_identifier	分类为 Nato_stock_number 的 Part_identifier
taskDefinition equipGroup equip identNumber manufacturerCode	属于与任务列表相关的系统的设备的制造商标识信息	Part_identifier	分类为 OEM_part_identification_code 的 Part_identifier
taskDefinition equipGroup equip identNumber partAndSerialNumber partNumber	包含零件号	Part_identifier	分类为 Supplier_part_identification_code 的 Part_identifier
taskDefinition name	代替元素<equip>用于没有零件号的结构和其他项目	Breakdown_element_name	Breakdown_element_name
taskDefinition limit	确定何时必须执行任务	Task_limit	为纠正或操作任务定义 Task_limit
taskDefinition limit@ limitTypeValue	有效限制类型： -“PO”=执行一次 -“OC”=按需 -“PE”=定期执行	Discrete_task_limit, Periodic_task_limit, Repeat_task_limit	基本业务规则： <limit@limitTypeValue='PO'>：Discrete_task_limit 的实例，其中，Discrete_task_limit 的阈值是 Parameter_threshold 的实例； Periodic_task_limit 的实例有 initial_threshold 的实例化。 <limit@limitTypeValue='OC'>，其中： Discrete_task_limit 的实例，没有阈值，但有一个 Task_limit_description； Discrete_task_limit 的实例化，其中 Discrete_task_limit 的阈值是 Event_threshold 的实例； <limit@limitTypeValue='PE'>，其中： 从 Periodic_task_limit 实例引用的 Repeat_task_limit 实例

续　表

S1000D Issue 4.0 元素名称	S1000D Issue 4.0 元素定义	S3000L Issue 1.0 元素名称	转换规则 从 S3000L 到 S1000D
taskDefinition limit threshold	任务基于的任何阈值信息	Parameter_threshold	Parameter_threshold
taskDefinition limit threshold@ thresholdUnitOf Measure	阈值的度量单位	Threshold_value	Parameter_threshold, Threshold_value, Property_representation 中给定的单位
taskDefinition limit threshold thresholdValue	阈值	Threshold_value	Parameter_threshold, Threshold_value, Property_representation 中给定的值
taskDefinition limit threshold tolerance@ toleranceLow/ toleranceHigh	与<limit> <threshold> <value>相关的公差	Threshold_value	如果 Threshold_value 的 Property_representation 为 value_with_tolerances_Property 类型,则可选的<toleranceLow>将使用 Threshold_value 中给定的 Lower_offset_value 填充,而<toleranceHigh>将使用 Threshold_value 中给定的 Upper_offset_value 填充
taskDefinition limit trigger@ releaseEvent	如果任务基于某个触发器事件	Discrete_task_limit	当发生如下时间后被填充:Task_limit 是 Discrete_task_limit 的实例,这导致了<limit @limitTypeValue='PO'>的实例化,其中 Discrete_task_limit 的实例至少有一个触发器实例
taskDefinition limit trigger threshold thresholdValue	参考或阈值信息	Threshold_value 或者 Event_threshold_number_of_event_occurrences	关联为触发器的 Threshold_definition 的实例的 Threshold_value 或 Event_threshold_number_of_event_occurrences
taskDefinition limit trigger threshold@ thresholdUnitOf Measure	<threshold>的度量单位	Threshold_value or Event_title	为 Threshold_value 或 Event_title 或事件标题定义的度量单位
taskDefinition limit trigger threshold tolerance@ toleranceLow/ toleranceHigh	<thresholdValue>的公差	Threshold_value	如果 Threshold_value 的 Property_representation 为 value_with_tolerances_Property 类型,则可选的<toleranceLow>将使用 Threshold_value 中给定的 Lower_offset_value 填充,而<toleranceHigh>将使用 Threshold_value 中给定的 Upper_offset_value 填充

续 表

S1000D Issue 4.0 元素名称	S1000D Issue 4.0 元素定义	S3000L Issue 1.0 元素名称	转换规则 从 S3000L 到 S1000D
taskDefinition limit limitRange	任何限制范围信息	Repeat_task_limit 和 Subsequent_repeat_relationship	如果 Periodic_task_limit 的实例具有多个 Repeat_task_limit 的关联实例,则需要使用<limit>和<limitRange>元素组织这些实例
taskDefinition@ applicRefId	与任务定义关联的适用性信息	Applicability_ statement	与 Task 相关的 Applicability_statement

5.3.3.2 检验定义交换描述

表 5.5 描述了 S1000D 元素<inspectionDefinition>中的元素和属性。

<inspectionDefinition>分支包含有关检查的信息。检查是对与检查主题或意图相关的任务进行分组的一种方式,例如每周检查、润滑检查、飞行后检查。

表 5.5 inspectionDefinitions -元素和属性

S1000D Issue 4.0 元素名称	S1000D Issue 4.0 元素定义	S3000L Issue 1.0 元素名称	转换规则 从 S3000L 到 S1000D
inspectionDefinition	有关检查或任务组的信息	Task	S1000D_Task_type_ code 设置为"Package"的任务。 S1000D_task_type 定义任务如何与 S1000D 中定义的 schema 相对应。建议值: "Procedure" = S1000D proced scheme "Package" = S1000D schedul scheme
inspectionDefinition inspection id	检验标识	Task_identifier	正在考虑的 Task 的 Task_identifier
nspectionDefinition taskGroup	列出属于检查或任务组的所有任务	Subtask_by_reference	在表示检查的 Task 中使用的 Subtask_by_reference 集合。 业务规则要求 S3000L 中"Package"类型的 Task 中的 Subtask 的所有实例都必须是 Subtask_by_reference
inspectionDefinition taskGroup taskItem	个人任务	Task	Task 通过 Subtask_by_reference 被引用。 注:每个 Subtask_by_reference 实例都有一个引用<taskItem>的实例
inspectionDefinition taskGroup taskItem@ taskName	任务本身	Task_identifier	作为打包任务的子任务引用的任务的 Task_identifier

续　表

S1000D Issue 4.0 元素名称	S1000D Issue 4.0 元素定义	S3000L Issue 1.0 元素名称	转换规则 从 S3000L 到 S1000D
inspectionDefinition taskGroup taskItem@ skillLevelCode	任务所需的技能级别	Skill_level_name	与 Task_personnel_resource 关联的 Skill_level 的 Skill_level_name(用于通过 Subtask_by_reference 引用的 Task)
inspectionDefinition taskGroup taskItem@ applicRefId	任务项级别的适用性	Applicability_statement	与 Subtask_by_reference 关联的 Applicability_statement
inspectionDefinition taskGroup taskItem task taskTitle	任务的简短文本描述	Task_name	Task_name
inspectionDefinition taskGroup taskItem task taskDescr	对任务的更完整的文本描述	Task_name	Task_name

5.3.3.3　时间限制信息交换描述

表 5.6 描述了 S1000D 元素<timeLimitInfo>中的元素和属性。

注：没有引用<timelim>中的任何已标识任务（数据模块），因为这是指部件及其潜在的寿命限制、存储限制、有或无操作用途。

表 5.6　timeLimitInfo -元素和属性

S1000D Issue 4.0 元素名称	S1000D Issue 4.0 元素定义	S3000L Issue 1.0 元素名称	转换规则 从 S3000L 到 S1000D
timeLimitInfo	与系统有关的时间限制、周期和寿命详细信息	Hardware_part_operational_authorized_life	数据模块将包含寿命有限的零件列表，即 S3000L 中具有至少一个 Hardware_part_operational_authorized_life 相关实例的 Part
timeLimitInfo equipGroup equip	属于系统的设备	Part	有寿命限制的部分
timeLimitInfo equipGroup equip name	名称	Part_name	Part_name 注：如果零件有多个名称，则需要在项目开始时确定项目特定的业务规则，来确定要使用的零件名称

续 表

S1000D Issue 4.0 元素名称	S1000D Issue 4.0 元素定义	S3000L Issue 1.0 元素名称	转换规则 从 S3000L 到 S1000D
timeLimitInfo equipGroup equip catalogSeqNumberRef @catalogSeqNumber Value	目录序列号	Part_identifier	分类为"Catalogue_sequence_number"的 Part_identifier
timeLimitInfo equipGroup equip natoStockNumber fullNatoStockNumber	北约库存编号	Part_identifier	分类为"Nato_stock_number"的 Part_identifier
timeLimitInfo equipGroup equip identNumber manufacturerCode	制造商的识别信息	Part_identifier	分类为"OEM_part_identification_code"的 Part_identifier
timeLimitInfo timeLimit limitType@ limitUnitType	定义极限类型，如"大修之间"	Hard_time	固定字符串值 Hard time（= S1000D 中的 lt02）
timeLimitInfo timeLimit limitType threshold	值和公差	Hardware_part_ operational_ authorized_life	如果 Hardware_part_operational_authorized_life 的 Property_representation 中给定了具体值，则填充
timeLimitInfo timeLimit limitType threshold@ thresholdUnitOf Measure	<threshold@ thresholdValue> 的计量单位	Hardware_part_ operational_ authorized_life	threshold@thresholdUnitOfMeasure 将由 Hardware_part_operational_authorized_life 的属性中给定的值填充
timeLimitInfo@ applicRefId	适用性	Applicability _statement	与 Hardware_part_operational_authorized_life 的实例相关联的 Applicability_statement

5.3.3.4 主分配交换描述

维护分配可以通过两种不同的方式发布：

（1）仅显示根节点及其所有关联的任务，包括与可修复子节点相关联的所有任务；

(2) 根节点及其所有子节点可修复节点(硬件元素和/或零件)将与其各自相关联的任务一起显示。

表 5.7 中定义的 S3000L 映射只反映了上述两种方法中的后一种。

表 5.7　maintAllocations -元素和属性

S1000D Issue 4.0 元素名称	S1000D Issue 4.0 元素定义	S3000L Issue 1.0 元素名称	转换规则 从 S3000L 到 S1000D
maintAllocation maintAllocationGroup @id	<maintAllocationGroup>元素的标识符	Breakdown_element_identifier	识别各个可修复“物理”分解元素的 Breakdown _ element _ identifier
maintAllocation maintAllocationGroup componentAssy name	项目名称或名称	Breakdown_element_name	Breakdown_element_name
maintAllocation maintAllocationGroup maintQualifier	维护行动确认,如维护功能、维护水平、预计工作时间、任何工具和/或测试设备以及任何备注	Task	每个与可修复 Breakdown _ element 相关联的 Rectifying_task 都有一个<maintQualifier>实例
maintAllocation maintAllocationGroup maintQualifier maintFunction@ function	对所列项目执行的维护功能(如检查、测试、维修)	Task_name	与正在考虑的任务关联的 Task_name
maintAllocation maintAllocationGroup maintQualifier maintLevelGroup maintLevel	估计工作时间	Task_total_labour_time	Task_total_labour_time,所考虑任务的属性
maintAllocation maintAllocationGroup maintQualifier maintLevelGroup MaintLevel@ maintLevelCode	通过选择属性 maintLevelCode 的枚举值指定维护级别	Maintenance_level_type_identifier	与正在考虑的 Task 和 Task _ usage 的 Maintenance _ level _ allocation 相关联的 Maintenance_level_type 的标识符
maintAllocation maintAllocationGroup componentAssyGroup componentAssy name	名称	Part_name	Part_name

续 表

S1000D Issue 4.0 元素名称	S1000D Issue 4.0 元素定义	S3000L Issue 1.0 元素名称	转换规则 从 S3000L 到 S1000D
maintAllocation maintPlanning toolsList toolsListGroup maintLevel@ maintLevelCode	标识最低授权维护级别的枚举属性	Maintenance_level_type_identifier	与工具关联的任何任务最低的 Maintenance _ level _ type _ identifier,或与工具用作资源的任务关联的最低 Maintenance_ level_type_identifier
maintAllocation maintPlanning toolsList toolsListGroup name	用于识别工具或测试设备。应该使用基本名称	Part_name	task _ material _ resource _ by _ reference 标识的 " Support _ equipment"的 Part_name
maintAllocation maintPlanning toolsList toolsListGroup toolRef@toolNumber	工具编号	Resource_ specification_ identifier	Task _ material _ resource _ by _ specification 的属性 Resource _ specification_identifier,其中 Task_ material _ resource 是 Task _ material_by_specification 的实例

此映射基于以下特定的业务规则:

如果硬件元素在 S3000L 中没有标识的零件实现,则每个可修复硬件元素将有一个<maintAllocationGroup><componentAssy>实例;

如果硬件元件在 S3000L 中至少有一个部件实现,则每个可修复硬件元素将有一个<maintAllocationGroup><componentAssy>实例。

请注意,<maintAllocationGroup><componentasygroup>中的<componentasy>的第一个实例将反映硬件元件,而后面的<componentasy>实例将反映可以实现硬件元件(包括在可实现硬件元件的零件清单中的可修复部件)的每个可修复部件。

表 5.7 描述了 S1000D 元素<maintAllocation>中的元素和属性。

5.4 数据交换模式

5.4.1 直接数据交换模式

航空的数据交换规范 DEX1AD 和 DEX3AD 提供了获得 S3000L 中定义的产品和任务数据标准方法。S3000L 和 S1000D 之间的数据交换是这些 DEX 规范的子集。S3000L 和 S1000D 的接口规范包括 S1000X 和 S1003X,提供了裁剪这些 DEX 的途径。图5.10 显示了应用 DEX 和接口规范进行产品和任务数据的交换。S1000X 目前尚处于初稿设计阶段,未正式发布。

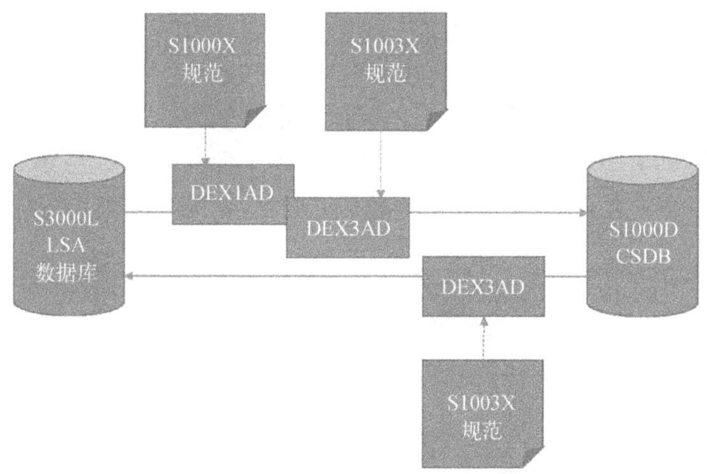

图 5.10　产品和任务数据的交换

图 5.10 中可以看到，从实现技术来看，S3000L 和 S1000D 具备双向数据交换能力。在数据交换过程中，数据交换规范给出了 S3000L 和 S1000D 之间进行数据交换的具体方法。S1000X 描述了 S3000L 数据转换到 S1000D 中的方法。S1003X 描述了 S3000L 和 S1000D 之间进行双向数据交换的方法。在航空器研制过程中，应用 S3000L 而产生的维修工程分析数据是按照 S1000D 标准编制的技术出版物的上游数据，可以用于技术出版物的编制。反之，按照 S1000D 标准编制的技术出版物的数据，对维修工程分析的指导意义并不大。也就是说，S1000D 标准的应用数据转换成 S3000L 标准的数据，实际应用的意义不是很大。本节描述 S3000L 标准的应用数据转换为 S1000D 标准应用数据的方法。

5.4.2　间接数据交换模式

图 5.11 描述了 S3000L 和 S1000D 之间进行间接的数据交换过程。

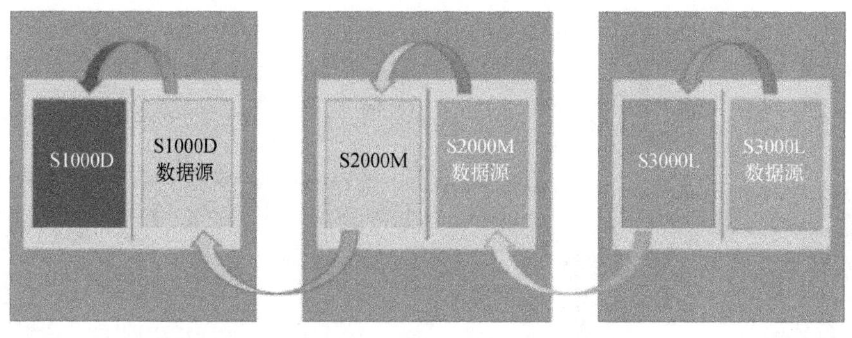

图 5.11　S3000L 和 S1000D 间接数据交换的过程

从图 5.11 可以看出,从 S3000L 到 S1000D 之间的数据转换并不是直接进行的。S3000L 的应用数据首先被转换成符合 S2000M 标准的数据,然后再将 S2000M 标准的数据转换成符合 S1000D 标准的数据。通过这个转换过程可知,间接的转换过程,应用数据经过两次转换和裁剪,会使得数据的失真率提高,有效信息易丢失。而且,多余的环节会增加错误率。因此,建议在不同标准的数据转换之间采用直接转换的方式。

第六章　维修工程分析与出版物到航材数据交换功能

6.1　数据交换的应用场景

航材业务是民用飞机客户服务的核心业务之一，其主要包括向客户提供飞机航线营运、航线维护、维修、改装等工作需要的航材和支援服务。其中，与维修工程分析、出版物等业务相关数据交换的应用场景涉及航材预测清单编制、潜在航材集编制、推荐航材清单(recommend spare part list，RSPL)编制、航材构型更改等场景内容，同时，航材业务结合潜在航材集、航材需求预测清单、航材采购计划单、航材采购订单等内容完成，可向其他业务提交这些表单内容。

下面以航材预测清单编制流程为例描述相关数据交换应用场景。

航材需求预测清单是根据指定机型的全球机队规模为基础进行制订的，其记载着经过航材可修性分析后所得的潜在备件清单，简称 S 集中各个单元在今后一个预测周期内所需的数量，其是企业进行航材采购的重要依据。

目前飞机航材在编制需求预测清单时，数据流程现状如图 6.1 所示。

航空主制造商每年制订航材需求预测清单以保障下一年全球机队的运营，为航材采购计划员制订采购计划提供依据。航空主制造商一般一年发布一次下一年的航材需求预测清单，不细分到具体的月份，但会根据实际情况不定期进行调整。由于航材业务主要是为保障航空公司的航材备件维修工作，因此在预测时必须着重考虑运营飞机的维修数据、运营数据等，在计算预测航材数量时需要采

数据管理平台AMM、AICP、ECP、EO、MPD、MMEL、Drawing、BOM等
航材预测
航材需求预测清单
供应商

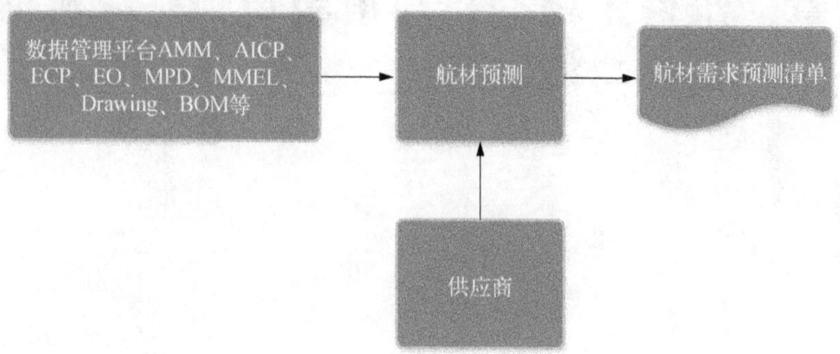

图 6.1　数据流程现状图

用符合维修的计算模型。在计算时需要参考的主要数据有：构型数据、ATA 标准文件类型、平均非计划更换间隔时间、单机安装数、修理周、报废率、航材分类、采购提前时间、订货操作时间、阶段供应码、客机交付计划等。通过归纳工作程序文件可以得出航材需求预测清单制订工作中的主要工作流程描述如图 6.2 所示。

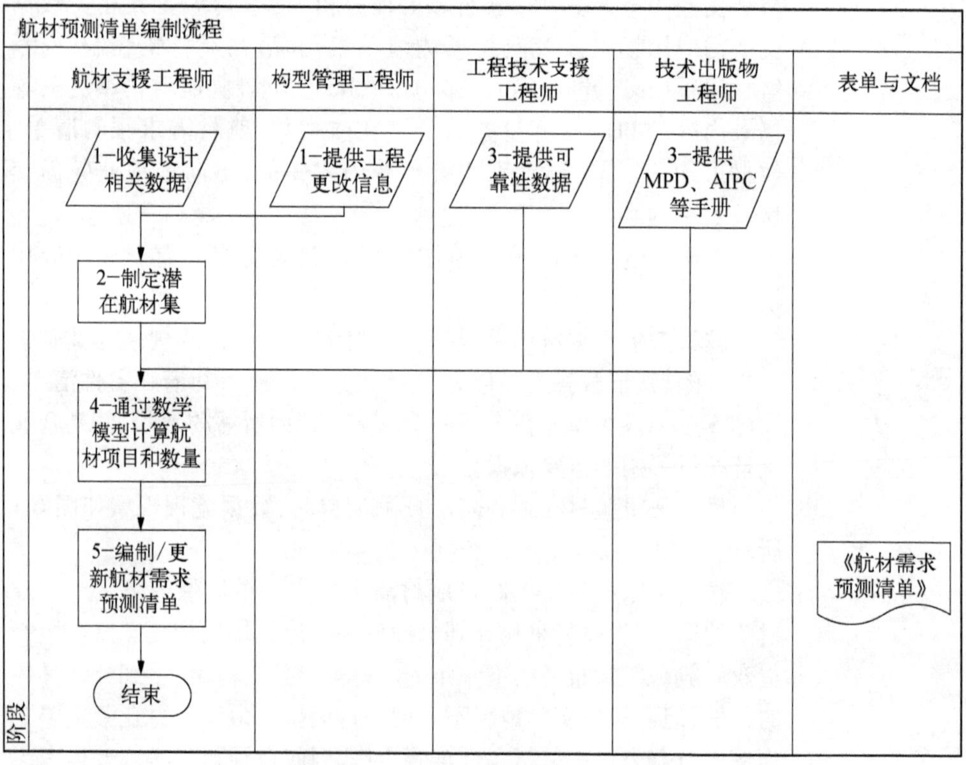

航材预测清单编制流程
航材支援工程师
构型管理工程师
工程技术支援工程师
技术出版物工程师
表单与文档
1-收集设计相关数据
1-提供工程更改信息
3-提供可靠性数据
3-提供MPD、AIPC等手册
2-制定潜在航材集
4-通过数学模型计算航材项目和数量
5-编制/更新航材需求预测清单
《航材需求预测清单》
结束
阶段

图 6.2　航材需求预测清单制订主要流程

首先,航材支援工程师向各相关部门收集需求预测所需的各项航材数据:从构型管理工程师获取包括数模、单机零件清册、工程物料清单、服务物料清单等工程数据信息及各架次全机装机零件清册;从技术出版物工程师获取包括 AIPC、AMM 等相关资料;从工程技术支援工程师获取包括:维修计划文件(maintenance planing document,MPD)、SB、GSE 和运营监控数据等相关资料;另外还需获取各家客户运营参数和航材相关的供应商文件。

其次,制订潜在航材集(以下简称 S 集)。S 集是指飞机全生命周期中维修所需的所有潜在航材,S 集的编制是开展航材支援工作的基础。完整、准确的 S 集为编制航材供应资料的输入依据之一,为建立航材数据库奠定基础。根据 ATA2000 的规定,S 集涵盖飞机制造商所制订的 AMM 的所有可拆件、航线维修的可更换件,航线可更换是进入 S 集的先决条件。S 集的编制以工程数据为基础,以航材工程师通过民用飞机可拆性原则分析为主要判断依据并依据维修大纲、各类手册进行人工修正。航材工程师根据飞机设计图样、装配关系、零件层次关系、相互连接方式和安装位置分析出飞机上可拆卸的结构件、系统件、组件中所有所属的组件,直至基本零组件等信息,把分析结果整理汇总并确定 S 集。

最后,制订航材需求预测清单。在 S 集的基础上,根据 AIPC、AMM、MPD 等文件确定航材需求项目,并结合可靠性参数、航材支援类型码、整个相同型号飞机机队运营参数,通过航材数学模型预测、经验测算和人工修正等方法确定航材需求预测清单[42-45]。

航材需求预测清单至少包括:件号、ATA 章号、名称、供应商代码、航材类型、重要性、平均非计划拆换间隔、装机数量、推荐数量、有效性等[36]。航材的分类有很多种,在预测前需要对其进行合适的分类,不同类型的航材在计算公式的选择上是不同的,而需要预测的航材主要是可修件和消耗件两种。其中可修件会产生运营维修数据,因此在计算时需要重点考虑,将可修件再按 ABC 分类法细分为:A、B、C 三类。A 类航材一般属于成本较高,占整个航材成本的 65%左右,尽量没有库存或只做少量的安全库存,需要在数量上做严格的控制;B 类航材库存控制同 A 类航材,但由于有使用时限、使用寿命的要求,计算方式有所变化;相对 A 类航材或 B 类航材来讲,C 类航材价格偏低,报废率较高;最后将消耗件单独列为 D 类[46]。此处 ABCD 的划分除了便于库存控制外,另外一个作用是需要在计算预测数据时套用不同的公式。

在上述流程中,航材需求预测清单在编制过程中,需提取来自维修工程分析、技术出版物等业务的数据内容,存在数据交换内容。

航材业务与维修工程分析、技术出版物业务数据交换内容包括:

(1) 航材业务从维修工程业务获取维修工程分析结果,形成航材可靠性数据;

(2) 技术出版物可从航材业务获取基础的初始供应清单数据(initial parts

lists,IPL),形成 IPC 数据。

6.2 数据交换范围

数据交换范围主要涉及航材业务与维修工程分析、技术出版物等业务交换的数据内容,其内容主要围绕航材业务需要的数据需求以及其本身可提供的数据内容。

航材业务主要数据来源包括:

(1) 构型数据、设计文件、工程图纸、工程更改指令;

(2) 数模、单机零件清册、工程物料清单、服务物料清单等工程数据信息及各架次全机装机零件清册;

(3) AIPC、AMM 等相关资料;

(4) MPD、SB、GSE 和运营监控数据。

航材业务的数据输出包括航材预测清单编制、潜在航材集(S 集)编制、RSPL 编制、航材构型更改、航材采购计划单、航材采购订单等内容。

上述数据内容都可归结为航材数据,航材数据可通过不同分类进行管理,包括标识类、审查类、适航类、可靠性类、维修类、属性类、维修性分析相关、维修级别分析相关、资料编制类参数等管理,具体的数据内容如表 6.1 所示。

表 6.1 航 材 数 据

属性分组	名　　称	说　明
标识类	part number	件号
	manufacturer code	供应商代码
	keyword	名称(关键词)
	ATA	ATA 编号
	IPC indicator	IPC 标识
审查类	effectivity	有效性
	interchangeability	互换性
	alternate part no	可替代件号
适航类	master minimum equipment list indicator	MMEL 部件
	essentiality code	重要性

续 表

属性分组	名 称	说 明
适航类	MMEL dispatch deviation code	修复期限
	mean time between maintenance	维修间隔
	shelf life code	库存周期
可靠性	time/cycle	时间单位
	mean time between unscheduled removal	平均非计划更换间隔
	life	使用寿命
	scrap rate	报废率
维修类	shop code	修理码
	maintainability	维修性
	maintenance overhaul or repair code	大修或一般修理代码
	maintenance percent	航线维护百分比
	repair turn around time	修理周期
属性类	spare part class code	航材类型
	sport class code	支援分类码
	buyer funishedequipment/ sellerpurchased equipment	选装件/基本件
	quick engine change indicator	快速换发件
	minimum rspl	清单必选件
	scheduled maintenance provisioning list indicator	定检维修供应清单件
	phased provisioning indicator	阶段供应码
	lead time	订货周期
	pkg unit	包装单位
	package quantity	包装内件数
	procurement price	采购单价
	selling price	销售单价
	price expires	价格期

续 表

属性分组	名　　称	说　明
属性类	nternation currencycode	币种
	price type	价类
	use sort	使用分类
	quantity per aircraft	装机件数
维修性分析相关	mean time to repair	平均修复时间
	direct maintenance man hour per flight hour	每飞行小时直接维修工时
	direct maintenance cost per flight hour	每飞行小时的直接维修费用
	fault detection rate	故障检测率
	fault isolation rate	故障隔离率
维修级别分析相关	false alarm rate	虚警率
	product level	产品层次
	product to be analysed	待分析产品
	level of repair	维修级别
	level of scrap	报废级别
	level of repair scheme	维修级别方案
资料编制类参数	patent code	专利代码
	commonality and interchangeability	系列通用性
	CI specification	通用性说明
	item No	项目编号
	material code	材料代码
	material specification	材料说明
	export item indicator	出口代码
	storage code	库存代码
	local fabrication form code	自制件形状代码
	local fabrication material code	自制件材料代码
	ATA file indicator	标识 ATA 类文件类型 S/T/V/U/X/Y
	S set	S 集

6.3 数据交换元素

数据交换元素描述了航材数据交换过程中涉及的数据元素。航材数据交换过程中主要考虑来自 BOM(EBOM、SBOM)以及维修工程分析的数据元素内容,具体数据元素如表 6.2 所示。

6.3.1 来自 BOM 的数据内容

来自 BOM 的数据内容详见表 6.2。

表 6.2 BOM 数据内容

数 据 元 素	数据项标识	数据类型及取值范围
件号	PNR	15 位的数字与字符的混合字符
ATA 章号	ATA	2 位数字
供应商代码	MF	5 位数字与字符的混合字符
名称(关键词)	KWD	100 位字符
有效性	EFFY	8 位数字
互换性	INC	1 位数字
可替代件号	ALT - PNR	和互换性关联
MMEL 部件	MMI	填写 M
重要性	ESS	1 位数字
使用寿命	LIFE	7 位数字
报废率	SR	2 位数字
大修或一般修理代码	MOR	1 位数字
航线维护百分比	M%	2 位数字
修理周期	RTAT	3 位数字
选装件/基本件	BFE/SPE	1 位字符
材料代码	material code	10 位数字
材料说明	material specification	40 位字符
装机件数	QPA	4 位数字

数据元素详细说明如下。

1）件号（part number，PNR）；15 位字符

供应商件、ATA 编号（ATA chapter number，ATA）；2 位字符，根据 ATA2000 规范，把飞机按照各个系统进行划分并且用数字进行编号。这里仅填写章号。

2）供应商代码（manufacturer code，MF）

主要给出供应商的信息。供应商代码与商业和政府实体（contractor and government entity，CAGE）代码应相同。CAGE 码由美国防务后勤服务中心（defense logistics service center，DLSC）编制，可以确认美国和加拿大的制造商和供应商。CAGE 代码的正式名称是制造商联合供应码（federal supply code for manufacturers，FSCM）。对于非美国和加拿大的制造商，则参考制造商的北大西洋公约组织（north atlantic treaty organization，NATO）供应码（north supply code for manufacturing，NSCM）。

3）名称/关键词（key word，KWD）；100 位字符

描述航材的名称或关键词。

4）有效性（effectivity，EFFY）；数字

飞机有效架次说明。

5）互换性（interchangeability indicator，INC）；1 位数字

表明航材与其他航材是否可以互换，在航材管理方面可以避免航材的多余储备以及管理、领取时的混乱。

6）可更换件号（alternate part number，ALT_PNR）；不超过 25 位的混合字符

可以更换的航材件号。

7）MMEL 部件（1 位字符）

若该部件为 MMEL 选件，则用“M”标识；否则，为空。

8）重要性（essentiality code，ESS）；1 位数字

重要性码，由 MMEL 部件参数确定，用于指示该航材出现故障后是否影响飞机的放飞。那些对飞机放飞有影响特别是不能放飞的航材的储备应特别重视。

9）使用寿命（LIFE）；从 1～9999999 的 7 位数字；单位由“时间单位 T/C 参数”确定

一般为航材设计时的试验数据或根据不同设计要求而确定的寿命值，可指导航材的储备。寿命期限用日历月来表示。

10）报废率（scrap rate indicator，SR）；2 位数字；从 01～99

根据统计给出航材正常报废的百分率，可作为航材储备量选择的依据之一。

11）大修或一般修理码（maintenance overhaul or repair code，MOR）；1 位数字

用以判断一个部件是否可以直接在飞机上进行拆卸还是仅能在大修中拆卸。目前在 RSPL 中用到的代码如下：

(1)“0”:该零件安装在某个零件上,并且共用一个件号,一般不会被替换;

(2)“1”维护件。可以直接在飞机上进行拆卸和更换;

(3)“3”大修件。该部件的更换必须在将 NHA 拆下的前提下进行,并且必须使用大修设备才能对该部件进行拆卸或者更换;

(4)“4”担保件。担保件不应该在飞机运营的头两三年内就需要更换,也不应该由于磨损或性能下降而需要更换,但是有可能由于飞机损伤或不可预见的要求而进行更换;

(5)“6”航线维护与大修并存,该部件可以直接在飞机上进行拆卸,在某些情况下也可能需要在大修车间才能完成拆卸。

12)航线维护百分比(maintenance percent,M%);2 位数字,01~99

有些设备出现某些故障后,可在航线维护中修复,为此,需配备供航线维护使用的航材。该参数确定了航线维护的比率。

13)修理周期(repair turn around time,RTAT);3 位数字,从 01~99,以天为单位

14)统计平均值,包括了车间修理周期和往返路途周期

15)选装/基本件(buyer funished equipment/seller purchased equipment,BFE/SPE);1 位字母

确定该件是否可由用户选择购买。可使用户明确该件是否必须装备,以根据自己的需要确定是否购买。B——选装件,用户可选。空白——基本件,必须装备。

16)材料代码(material code);10 位数字

用于散装材料识别、存储和快速发货。

17)材料说明(material specification);40 位字符

40 位字符,从左向右,对材料的文字说明。

18)装机件数(quantity per aircraft,QPA);4 位数字

4 位数字,从 0001~9999。每架飞机的实际安装件数。

6.3.2 来自维修工程分析的数据内容

来自维修工程分析的数据内容详见表 6.3。

表 6.3 维修工程分析数据内容

数据元素	数据项标识	数据类型及取值范围
平均修复时间	MTTR	5 位数字
维修性(LSA 中的工时信息)	MAINTAINABILITY	1 位数字

续　表

数据元素	数据项标识	数据类型及取值范围
平均非计划更换间隔	MTBUR	7 位数字
每飞行小时直接维修工时	DMMHFH	5 位数字
每飞行小时的直接维修费用	DMCFH	12 位数字
故障检测率	FD%	2 位数字
故障隔离率	FI%	2 位数字
虚警率	FA%	2 位数字
产品层次	PL	1 位数字
待分析产品	PA	1 位数字
维修级别	LOR	1 位数字
报废级别	LOS	2 位字符
维修级别方案	LORS	2 位字符

数据元素详细说明如下。

1）平均修复时间(mean time to repair,MTTR);5 位数字

2）平均非计划拆卸间隔时间(mean time between unsheduled removal,MTBUR)

3）航材可靠性的最重要参数,是对影响航材需求的众多复杂、多变因素的综合反映,也是确定航材支援码和航材采购和储备模型中涉及的最重要参数,概括反映了航材可靠性水平

4）每飞行小时直接维修工时(direct maintainence man hour/flight hour,DMMHFH);5 位数字

5）每飞行小时的直接维修费用(direct maintainence cost/flight hour,DMCFH);12 位数字

6）故障检测率(fault detection rate,FD%);2 位数字

7）故障隔离率(fault isolation rate,FI%);2 位数字

8）虚警率(false alarm rate,FA%);2 位数字

9）产品层次(product level,PL);1 位数字

1——系统,2——子系统,3——部件,4——组件,5——零件。

10）待分析产品(product to be analysed,PA);1 位数字

0——该产品无需进行维修级别分析，1——待分析产品。

11）维修级别（level of repair，LOR）；1 位数字

1 位数字，O——航线级，I——车间级，D——基地级。

12）报废级别（level of scrap，LOS）；2 位字符

2 位字符，OX——航线报废，IX——车间报废，DX——基地报废。

13）维修级别方案（level of repair scheme，LORS）；2 位字符

2 位字符，其中维修级别及报废级别分别同前定义。从左向右，每组字符以空格间隔。

6.4　数据交换规则

数据交换规则用于定义航材数据与维修工程分析、出版物数据之间的数据交换规定。对于出版物、航材、维修工程分析数据，分别可采用 S1000D 数据格式、S2000M 数据格式、S3000L 数据格式进行描述。

数据的整个交换过程包括 S3000L 格式数据转化为 S2000M 格式数据、S2000M 格式数据转化为 S1000D 格式数据。

数据交换规则主要采用 PLCS 数据交换规范内容，交换方式如图 6.3 所示。

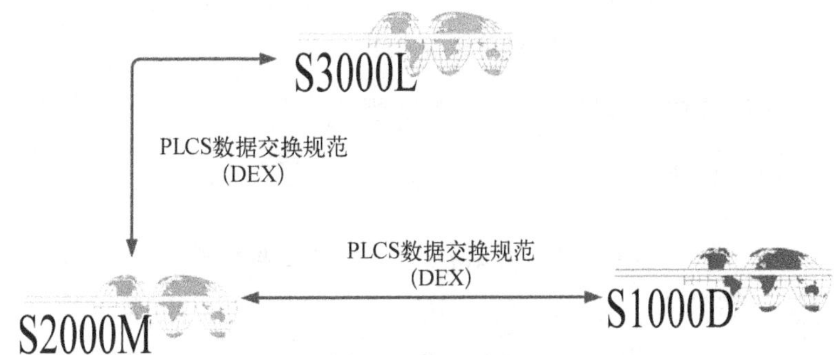

图 6.3　数据交换规则

数据交换主要是用来交换产品和保障信息，交换产品构型数据的技术。全寿命周期的数据交换理念对复杂的高价值、具有许多独特的零件和产品配置、长服务寿命、大量的在役保障需求、在役保障成本占总成本比重较大的产品具有重要的意义。

通过数据交换技术的应用确定了复杂产品及其保障措施的信息，维护复杂产品所需的信息，贯穿产品的结构变更管理及其保障措施所需的信息。在产品的全寿命周期过程中，对产品的使用和资源的使用做了详细的记录，对产品和使用资源的活动状态也做了系统的记录分析，完善了产品寿命周期中数据信息的管理结构，

充实了产品活动状态的历史记录，以求达到对产品状态的数据信息循环保障的目的。

数据交换标准并不仅是一种应用标准和系统，更是一种方法，它主要是通过产品寿命周期活动中的信息管理，实现产品信息的快速、及时、准确地在产品寿命周期内的流通，或者说是交换，从而及时有效地指导保障工作的开展，其目标是在全寿命周期内，通过保障性设计和保障需求的确定对装备所需保障系统进行优化，其最终目的是在最优的费用条件下获取保障信息，在对信息或者数据进行改进后再次投入使用，提高保障效率。

通过建立一个普遍适用的数据交换平台，把数据交换规范进行统一。围绕产品寿命周期的信息，包括设计、制造、使用、维修、回收处理等阶段，同时还包括产品使用者的反馈信息等，都围绕寿命周期数据交换规范进行统一的流通使用，节省使用费用，提高使用效率，为产品保障提供及时有效的保障信息，达到理想的寿命周期保障目的。

数据交换技术定义了一种信息模型，这种模型中的信息可以被交换和循环利用于产品整个寿命中的保障。

数据交换的应用能力为信息模型的使用提供指导。在其他方面，数据交换可以描述实体是如何由已知的概念所描述的。数据交换是为保障具体业务流程而被定义的，数据交换从产品寿命周期的核心文件中被单独定义，数据交换技术可能有其他额外的约束条件并指定一些参考数据的用途。

6.4.1 BOM 数据到航材数据交换规则

BOM 数据与航材数据交换的规则详见表 6.4。

表 6.4 BOM 数据与航材数据的交换规则

BOM 数据		航材数据		备注
元　素	数据项标识	元素标识	元素标识名称	
件号	PNR	part number	件号	
ATA 章号	ATA	无 取自 CSN		
供应商代码	MFR	MFC	Take from the first part - i.e. the first five digits (CAGE-code) - of the partIdentifier (PID)	
名称 (关键词)	KWD	DFP	partName	

续　表

BOM 数据		航材数据		备注
元　素	数据项标识	元素标识	元素标识名称	
有效性	EFFY	EFY	effectivityRange - Take ' from ' number for effectivity from SERIALNUMBERLOWERBOUND (SLB) - Take ' to ' number for effectivity from SERIAL NUMBERUPPERBOUND (SUB)	
互换性	interchangeability	无 取自 PIY、SIY	-Take the first character to indicate the item's ICY with the preceding item from the precedingFIGUREITEMSEQUENCENUMBERINTERCHANGEABILITY (PIY) in Issue 6.0. -Take the second character to indicate the item's ICY with the succeeding item listed from the SUCCEEDINGFIGUREITEMSEQUENCENUMBERINTERCHANGEABILITY (SIY) in Issue 6.0	
可替代件号	ALT-PNR	PID	PartIdentification	
MMEL 部件	MMI	MSQ	minimumSalesQuantity	
重要性	ESS	ESC	locationEssentialityCode	
使用寿命	LIFE	AUL	operationalAuthorizedLife	
报废率	SR	SRA	hardwarePartScrapRate	
大修或一般修理代码	MOR	MLV	maintenanceLevel	
修理周期	RTAT	CRT	contractorRepairTurnAroundTime	
选装件/基本件	BFE/SPE	PID	PartIdentification	
材料代码	material code	NIN	NATOItemIdentificationNumber	
材料说明	material specification	MS	Material Specification	无定义 直接映射
装机件数	QPA	QUI	quantityPerUnitOfIssue	
备注	remark	REM	remarks	

6.4.2　维修工程分析到航材数据交换规则

维修工程分析与航材数据的交换规则详见表 6.5。

表 6.5 维修工程数据交换规则

维修工程数据		航材数据		备注
数据元素	数据项标识	数据元素	数据释义	
平均故障时间	MTBF	TBF	partUsageMeanTimeBetweenFailure	
平均修复时间	MTTR	MTTR	partUsageMeanTimeToRepair	无定义 直接映射
维修性 LSA 工时信息	MAINTAINA BILITY	MAINTAINA BILITY	MAINTAINABILITYTIME	无定义 直接映射
平均非计划 更换间隔	MTBUR	无	MEANTIMEBETWEEN UNSHEDULEDREMOVAL	无定义 直接映射
每飞行小时 直接维修工时	DMMHFH	DMMHFH	DIRECTMAINTAINENCE HOUE	无定义 直接映射
每飞行小时 直接维修费用	DMCFH	DMCFH	DIRECTMAINTAINENCE COST	无定义 直接映射
故障检测率	FD%	FD%	FaultDetectionRate	无定义 直接映射
故障隔离率	FI%	FI%	FaultIsolationRate	无定义 直接映射
虚警率	FA%	FA%	FalseAlarmRate	无定义 直接映射
产品层次	PL	IND	figureItemIndentureLevel	
待分析产品	PA	RFS	figureItemReasonLForSelection	
维修级别	LOR	MLV	maintenanceevel	
报废级别	LOS	LOS	LevelOfScrap	无定义 直接映射
维修级别方案	LORS	SMR	maintenanceSolution	

6.4.3 航材数据到技术出版物数据交换规则

航材数据与技术出版物数据交换规则详见表 6.6。

表 6.6　数据交换规则

元素标识	数据元素名称	必须/可选	映射到 S1000D 中的元素/属性
ASP	figure itemh attaching storage or shipping item	可选	<attachStoreShipPart attachStoreShipPartCode = "…" >
CAN	change authority identifier	可选	<changeAuthorityData> <changeAuthority>… </changeAuthority> </changeAuthorityData>
CMK	hard ware part calibration requirement	可选	<calibrationMarker>… </calibrationMarker>
CSN	figure item identifier	必选	<catalogSeqNumber systemCode = "…" subSystemCode = "…" subSubSystemCode = "…" assyCode = "…" figureNumber = "…" figureNumberVariant = "…" item = "…" itemVariant = "…" >
CTL	figure item container location	可选	<categoryOneContainerLocation modelIdentCode = "…" systemDiffCode = "…" systemCode = "…" subSystemCode = "…" subSubSystemCode = "…" assyCode = "…" figureNumber = "…" figureNumberVariant = "…" itemLocationCode = " D" item = "…" itemVariant = "…" itemSeqNumberValue = "…" >
DFL	figure item description	可选	<descrForLocation>… </descrForLocation>
DFP	part name	必选	<descrForPart>…</descrForPart>
EFY	effectivityRange - take ' from ' number for effectivity from serialnumberlowerbound (SLB) - take ' to ' number for effectivity from serialnumberupperbound (SUB)	可选	<effectivity>…</effectivity>
FTC	hardware part fitment level	可选	<fitmentCode fitmentCodeValue = "…" >
ICN	information control number	可选	<graphic infoEntityIdent = " ICN-…" >

续 表

元素标识	数据元素名称	必须/可选	映射到 S1000D 中的元素/属性
ICY	interchangeability - take the first character to indicate the item's ICY with the preceding item from the precedingfigureitemsequencenumberinterchangeability (PIY) - take the second character to indicate the item's ICY with the succeeding item listed from the succeedingfigureitemsequencenumberinterchangeability (SIY)	可选	<interchangeability>...</interchangeability>
ILS	figure item ILS reference	可选	<ilsNumber>...</ilsNumber>
IND	figure item indenture level	必选	<catalogSeqNumber indenture="...">
IPP	provisioning project identifier	必选	<initialProvisioningProject initialProvisioningProjectNumber="...">
IPS	provisioning project subject	必选	<initialProvisioningProject initialProvisioningProjectNumberSubject="...">
ISN	figure item sequence number	必选	<itemSeqNumber itemSeqNumberValue="...">
LGE	messagelanguage	必选	<initialProvisioningProject languageCode="...">
MFC	take from the first part - i.e. the first five digits (CAGE-code) - of the partIdentifier (PID)	必选	<manufacturerCode>...</manufacturerCode>
MFM	select or manufacture from reference	可选	<selectOrManufacture>...</selectOrManufacture>
MOI	product identifier	必选	<modelIdentCode>...</modelIdentCode>
MOV	product variant identifier	可选	<modelVersion modelVersionValue="...">
NIL	not illustrated figure item	可选	<notIllustrated>
NSN	NATO stock number	可选	Composite data element composed of NSC and NIN
NSC	NATO supply class	必选	<natoStockNumber natoSupplyClass="...">

续 表

元素标识	数据元素名称	必须/可选	映射到 S1000D 中的元素/属性
NIN	NATO item identification number	可选	<natoStockNumber natoCodificationBureau = "..." natoItemIdentNumberCore = "...">
PNR	part number	必选	<partNumber>...</partNumber>
PSC	take from pilferageclass (PSC), from securityclass (SCC) or from sensitiveitemclass (SIC)	可选	<physicalSecurityPilferageCode>... </physicalSecurityPilferageCode>
QNA	quantity in next higher assembly	必选	<quantityPerNextHigherAssy>... </quantityPerNextHigherAssy>
QUI	take from the <value> of the hardwarepart quantityperunitofissue(QUI)	可选	<quantityPerUnit>... </quantityPerUnit>
RFD	location designator	可选	<functionalItemRef>... </functionalItemRef>
RFS	figure item reason for selection	可选	<reasonForSelection reasonForSelectionValue = "..."/>
RTX	figure item reference	可选	<referTo> <initialProvisioningProjectRef initialProvisioningProjectNumber = "..."> or <referTo> <initialProvisioningProjectRef initialProvisioningProjectNumber = "..." responsiblePartnerCompanyCode = "..."> or <referTo> <catalogSeqNumberRef modelIdentCode = "..." systemDiffCode = "..." systemCode = "..." subSystemCode = "..." subSubSystemCode = "..." assyCode = "..." figureNumber = "..." figureNumberVariant = "..." itemLocationCode = "..." item = "..." itemVariant = "..." itemSeqNumberValue = "...">
SID	take from the partidentifier (PID) of the item, or items, which are the subject of the initial provisioning project number (provisioningProjectIdentifier, IPP)	必选	Composite data element composed of (MFC) and (PNR) <subjectIdent> <manufacturerCode>... </manufacturerCode> <partNumber>..</partNumber> </subjectIdent>

续　表

元素标识	数据元素名称	必须/可选	映射到 S1000D 中的元素/属性
SMF	figure item select condition	可选	<selectOrManufactureFromIdent selectOrManufactureValue = "…" >
SMR	maintenance solution	必选	<sourceMaintRecoverability>… </sourceMaintRecoverability>
SRV	take from customeridentifier (CIN) and userIdentifier (UIN)	必选	<service>…</service>
STR	hard ware part special storage requirement	可选	<specialStorage>…</specialStorage>
UCA	take from figureitemacronymcode (FAC) for the end item and figureitemusableoncode (UOC) for the breakdown parts	可选	<usableOnCodeAssy>… </usableOnCodeAssy>
UCE	take from figure item acronym code (FAC) for the end item and figure item usable on code(UOC) for the breakdown parts	可选	<usableOnCodeEquip>… </usableOnCodeEquip>
UOI	hardware part unit of issue	可选	<unitOfIssue>…</unitOfIssue>
UOM	take from the <unit> of the hardware part quantity perunitper unit of issue first(SUI)	可选	<unitOfIssueQualificationSegment unitOfMeasure = "…" >

6.5 数据交换流程

数据交换流程描述了维修工程分析结果数据交换到航材数据,航材业务输出 IPD 数据到技术出版物业务的过程,数据交换流程如图 6.4 所示。

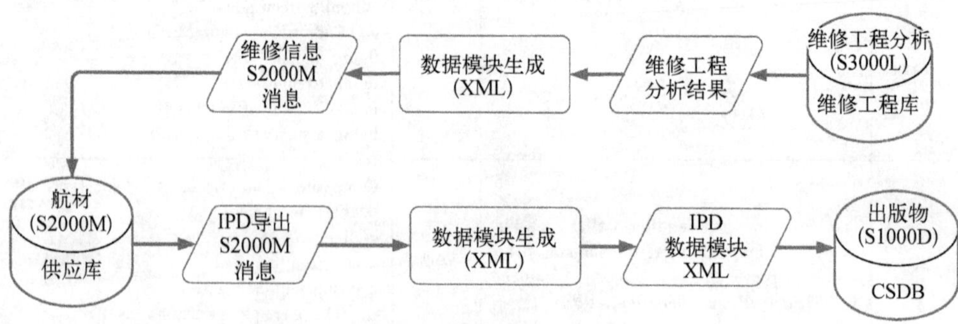

图 6.4　数据交换流程

第七章　客户数据反馈的数据交换

7.1　数据交换应用场景

复杂装备系统全寿命周期一般涵盖定义、准备、开发、在役和报废五个阶段，而 S5000F 主要涉及在役与报废最后两个阶段，适用于处理在役运营业务（由运营商提交给制造商或维修人员），其涉及的业务流程重点在于运营与维修反馈信息以及全寿命周期中运营阶段的活动。本节主要是围绕复杂装备系统运营阶段的主要活动，以 S5000F 为牵引，通过案例分析的形式探究其应用场景。S5000F 使用实例概述如表 7.1 所示[47]。

表 7.1　使用实例概述

章节号	标　　题	使　用　实　例
3	RAMCT	可靠性、可用性、维修性、功能性、可测试性
4	维修分析	制造商、运营商维修计划
5	安全性	报告安全问题、报告安全警告和建议、提供特殊的安全说明
6	供应支持	库存管理、货架寿命管理、备件和支持设备工具管理、物流响应时间、设施管理和维修
7	LCC	成本分解结构、维修成本分析、运行需求成本、改装和升级成本、运营支持成本
8	担保分析	评估维修活动、收集成本的方法、确定担保误用的方法、确定引发担保风险的产品、改进标准担保规则和流程
9	健康和使用监测	使用信息的响应
10	报废管理	创建报废管理计划的基础、确定报废候选项/执行风险评估、确定报废策略、监控、报废方案/建议报废风险评估

续　表

章节号	标　题	使用实例
11	综合编队管理	作业提案详细说明、任务取消、任务修改、编队可用性详细说明、任务评估、产品准备、产品恢复
12	构型管理	将交付的技术状态交付给客户、向客户交付允许的技术状态、交换操作技术状态、交付客户修改、向维护者交付所有技术状态
13	服务合同管理	提供合同信息、提供工作分解结构、提供成本分解结构、提供组织分解结构、提供/更新活动计划、报告服务级别协议合规性、提供合同成本、提供状态报告,提供有关合同位置的信息和基础设施、管理服务请求、请求/授予/拒绝使用资源、分配安全分类
14	非预定义信息	提供特定项目的值、提供非预定义信息

7.1.1 RAMCT 应用场景

RAMCT 可以为健康分析获得相应工程性能指导,用于工程设计和航材供给过程中的工程监控、运营监控和更改,其数据交换应用场景主要有可靠性、可用性、维修性、功能性和可测试性。

1）可靠性使用实例

可靠性使用实例用以了解产品的可靠性,以及如何落实必要的更改来改进产品,其示意图如图 7.1 所示。图中,左侧为特定时间由用户提供的机队数据,中间为数据的分析,右侧为可靠性报告和可能的相关行为。

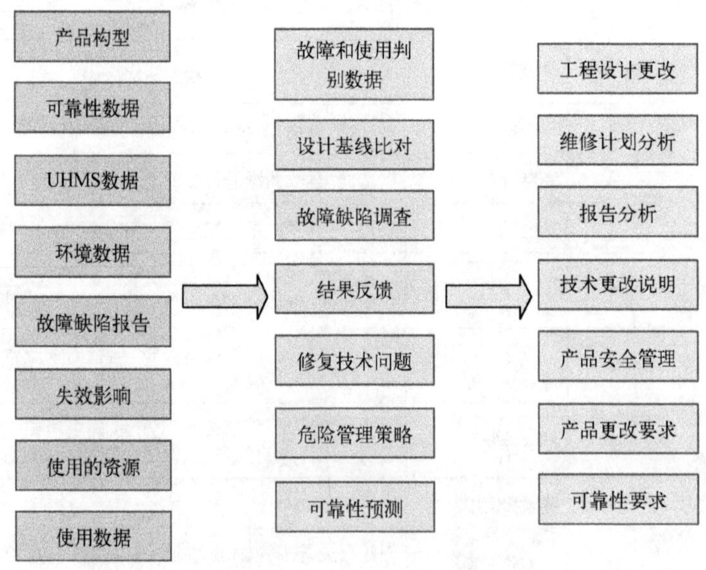

图 7.1　可靠性使用实例

2）可用性使用实例

通过可用性使用实例，使得利益攸关方了解产品的可用性，同时落实必要的更改来改进产品，其示意图如图 7.2 所示。图中，左侧为特定时间由用户提供的数据，中间为数据分析，右侧为可用性报告或可能的相关行为。

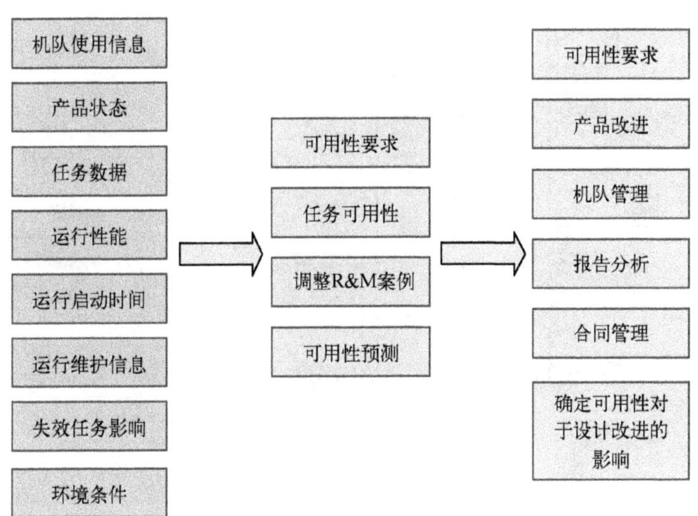

图 7.2　可用性使用实例

3）维修性使用实例

维修性使用实例目的是使利益攸关方了解维修产品的难易程度以及减少成本的措施，其示意图如图 7.3 所示。图中，左侧为特定时间由用户提供的数据，中间为数据分析，右侧为包含成本选项的维修性报告和可能的相关行为。

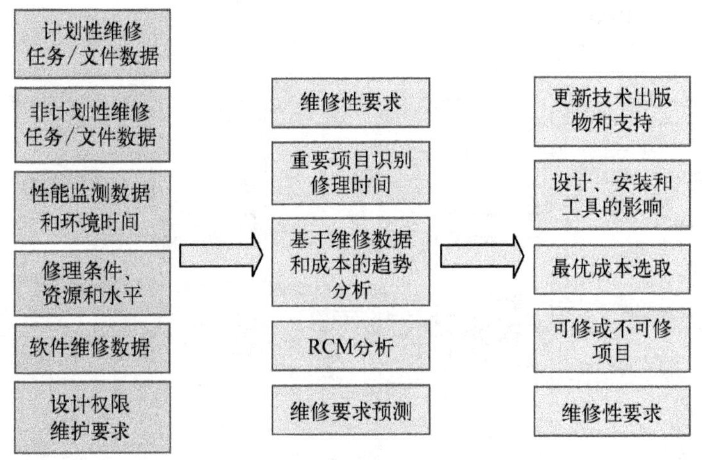

图 7.3　维修性使用实例

4）功能性使用实例

功能性使用实例用以了解产品如何按照所要求的功能性表现，以及如何落实必要的更改来改进产品，其示意图如图7.4所示。图中，左侧为特定时间由用户提供的数据，中间为数据分析，右侧为功能性报告和可能的相关行为。

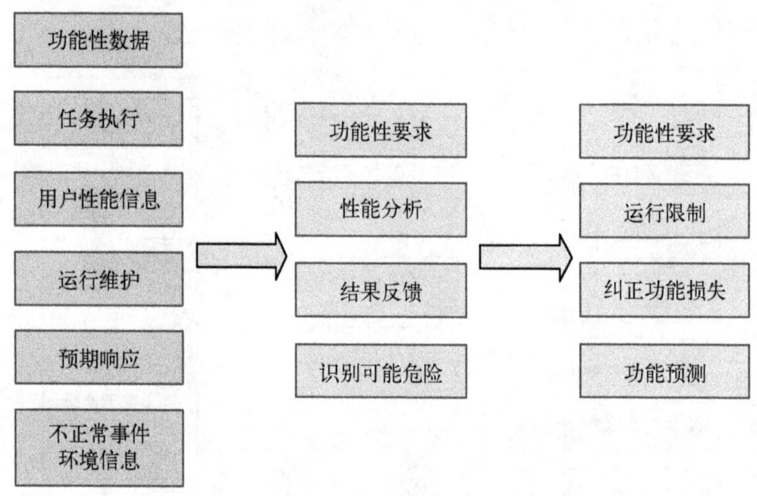

图7.4　功能性使用实例

5）可测试性使用实例

本实例中相关方希望了解产品测试的难易程度以及改进其成本效率，其示意图如图7.5所示。图中，左侧为特定时间由用户提供的数据，中间为数据分析，右侧为可测试性报告和可能的相关行为。

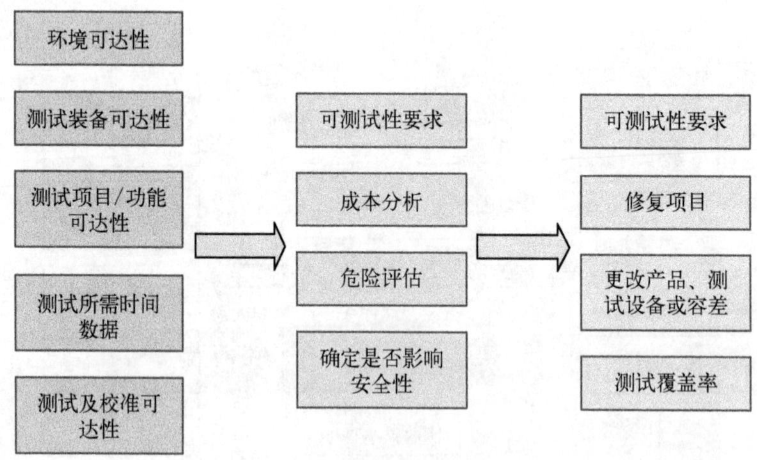

图7.5　可测试性使用实例

7.1.2 维修分析应用场景

维修分析主要是结合维修数据实现复杂装备系统全寿命周期维修任务分析，其对于产品的安全性、可靠性、舒适性和寿命保障至关重要，旨在保持和恢复产品状态并实现所需功能。维修分析数据交换应用场景着眼于制造商维修计划、管控局方和产品用户维修计划。

1）制造商维修计划

制造商负责定义最小计划维修任务，再整合成初始指导建议用以维护产品可用性和安全性。维修计划的制订基于设计要求、维修性分析以及产品在役阶段的经验积累，且 S4000P 定义了制订计划维修大纲的建议。原则上，各相关单位应建立并维护一个用以监控推荐维修计划的有效性的系统。

各单位将对产品用户提供的在役信息进行分析并对维修计划进行必要的修改（源自制造商对产品用户的反馈数据）；用户记录关于维修计划的在役信息并提供给各单位用以优化维修计划文件（源自产品用户对制造商的反馈数据）；制造商必须根据产品用户和维修单位的在役使用经验数据对维修计划进行周期性修订。

2）管控局方

管控局方是指负责对某一领域在管控和监督方面行使独立自主管辖权的官方或政府机关，其必须确保任何特定要求在维修计划文件中的落实，即维修计划应由制造商或运营商来制订并在产品投入市场前由管控局方审核。

在役保障阶段，局方将扮演非常重要的角色，负责监督涉及不同组织的所有适用规章的正确落实。此外，还需对全球产品在役期间的各类新发要求、警告以及突发事故进行分析并制订避免故障安全的政策。

3）产品用户维修计划

制造商维修计划适用于不同环境或使用剖面中的产品系列，如要在制造商定义的使用剖面以外使用该产品，则要求调整维修计划。

各产品用户必须根据产品运营、使用和环境条件对制造商维修计划进行调整，根据各产品的不同其用户化的复杂程度有所不同。

用户维修计划必须基于制造商维修计划同时考虑如下输入调整客户的针对性要求：产品使用（寿命消耗、时间消耗、循环等）；产品使用环境（沙漠、盐碱地、结冰、高温高寒等）；使用剖面；同类型产品使用经验等。

产品用户维修计划是可随时间动态变化的，从工作启动开始，产品用户维修计划必须根据在役产品使用经验输入进行评审和修订，而修订需经局方审核。

7.1.3 安全性应用场景

安全性分析是让用户、维修人员、产品全寿命周期保障组织、原始设备制造商能够了解产品的潜在危险、危险发生概率、可能导致的危险行为等，目的是提供方法确定系统是否符合安全等级、确定产品是否存在潜在危机、确定构型是否符合服务通告、预计影响系统安全性的趋势等。安全性分析数据交换应用场景包括报告安全问题、报告安全警告和建议、提供特殊的安全说明。

1）报告安全问题

本实例目的是从操作方面汇编有关影响安全的任何事件的信息，旨在提供一种在运营商之间以及运营商与行业之间快速传输事件信息的方法，其交互关系如图 7.6 所示。

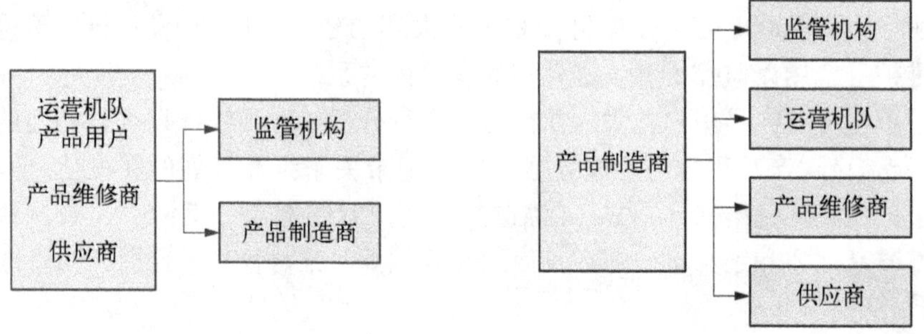

图 7.6　报告安全问题交互关系　　图 7.7　报告安全问题交互关系

2）报告安全警告和建议

本实例用以发出警告，告知严重威胁安全且需注意的缺陷，目的是告知操作员由于安全问题而导致的操作限制，并给出解决这些问题的解决方案，避免危险的发生。报告安全警告和建议示意图可参照图 7.6。

3）提供特殊的安全说明

该实例目的是提供操作员执行的特殊安全说明，以解决安全问题。特别说明的是针对潜在安全故障的建议，这些故障需要进行更改，并将作为即时要求进行处理，具体参见图 7.7 所示。

7.1.4　供应支持应用场景

供应支持作为 ILS 重点工作之一，通过计划采购保障复杂装备系统在运营过程中发生故障时，能够及时提供恢复期功能的备件，同时也包括执行维修所需的人员和支持设备，以最优的总持有成本（total ownership cost，TOC）维持复杂装备系统全寿命周期最佳的性能。供应支持数据交换应用场景包括库存管理、货架寿命管理、备件和支持设备工具管理、物流响应时间、设施管理和维修。

1）库存管理

库存管理是结合运营过程中的维修基础数据，开展备件管理研究，使其库存保持在安全水平以上，满足复杂装备系统的运营需求。库存管理所需数据具体包括如下三类。

（1）机队数据。机队数据包括：组成产品、使用数据、构型、位置和可用性。

（2）部件使用数据。部件使用数据包括：部件编号、制造商编号、序列号、一定时间段内的花费、非计划拆换平局间隔时间（mean time between unscheduled removals，MTBUR）和失效位置。

（3）库存数据。库存数据包括：备件编号、制造商编号、现有库存数量、价格、价格有效期、交货数据和处置信息。

2）货架寿命管理

货架寿命管理是初始供应的一部分，当存储环境、材料等条件改变时，同时也会改变货架寿命以及影响担保值。因此，在货架寿命管理过程时，对于同一备件其相关信息也需要随之更新，具体如下。

（1）库房信息。库房信息包括：平均仓储时间、平均湿度、平均温度和空气质量。

（2）备件信息。备件信息包括：备件编号、制造商编号、序列号、日期、货架寿命和批次号。

3）备件和支持设备工具管理

拥有全球客户和部署地点的产品具有全球备件/支持设备模型，在该模型中多个国家/客户采购和管理备件和支持设备，但仍允许相互之间的需求而调用备件/支持设备。持续监控这些部件的移动和采购有助于降低产品的总体维护成本。备件和支持设备工具管理数据包括但不限于以下内容：

（1）全球备件和支持设备国家；

（2）每个国家的仓库和运营基地；

（3）备件信息和采购数据；

（4）备件和支持设备的使用频次。

4）物流响应时间

物流响应时间是确保实现产品可用性目标的关键因素，其定义是从记录故障到修复故障所需的时间。这些数据会影响供应中心的位置、采购周期，甚至会影响维护时间。从仓储备件数据角度，主要涉及但不限于如下信息：零件号、制造商编号、序列号、运输时间、维修时间和购买价格。

5）设施管理和维修

设施管理和维修实例用来更新和维护设施基础设施细节，包括环境和安全要求、设备条件、空间使用位置有效性，以改进跟踪属性。该实例所关注的数据为：公用设施使用信息、长期设施费用、安全事件、存储利用率、设备使用信息、设备维护成本和环境数据。

7.1.5 全寿命周期成本应用场景

LCC 是产品从概念设计到退役的整个寿命周期中组件累加,通过对成本要求、产品持有和产品报废的进行分析对其进行评估,而评估过程包含了系统采购、运营、维护和报废过程中所有的直接成本和间接可变成本。全寿命周期成本数据交换范围包括成本分解结构、维修成本分析、运行需求成本、改装和升级成本、运营支持成本[48,49]。

1) 成本分解结构

成本分解结构的作用为全方位支持成本估算过程,为相关成本估算提供便利;此外,成本分解结构还具有为各项需评估成本的检查单功能,未达到这些目的,LCC 应按照一定的结构顺序分解到每一个成本元素。

2) 维修成本分析

如有部件或设备更换,评估维修替换方案并保障系统重设计。

3) 运行需求成本

用以分析运行剖面或任务剖面相关的要求变化会如何影响 LCC。

4) 改装和升级成本

评估改装或升级成本所带来的影响,以及分析更改对一个系统整体的影响。

5) 运营支持成本

评估比较替换、恢复期/寿命周期延长或系统/产品报废的不同方法。

7.1.6 担保分析应用场景

担保是合同商在交易过程中给客户的保证,确保充分尊重客户的需求、事实情况和使用条件并与实际保持一致,其详细描述了客户在系统部分或全部失效事件发生时的权利。担保没有标准条款,但有大量可选项用于定义担保范围、持续时间和实用性,一般类型有无担保、优先担保、潜在担保、寿命周期担保、媒体担保和修理担保。担保分析数据交换范围包括评估维修活动、收集成本的方法、确定担保误用的方法、确定引发担保风险的产品、改进标准担保规则和流程。

1) 评估维修活动

记录系统的故障信息,隔离故障设备并确定相关的修复活动,收集故障相关信息以确定故障是否在担保的范围。

2) 收集成本的方法

监测维修活动中发生的物料和人工的成本,记录实际赔偿的成本,传输支持担保条款的成本数据及故障数据,记录担保范围之外的故障/失效。

3) 确定担保误用的方法

确定和记录误用情况和相关的原因,记录风险产品(当组件失效率超过预算损失率时进行组件数据评估）。

4）确定引发担保风险的产品

跟踪风险项目在担保流程的何处引发风险。

5）改进标准担保规则和流程

确定担保流程的不足之处并定义相关的改进，组织并记录反馈信息，管理利益攸关方的沟通。

7.1.7 健康和使用监测应用场景

健康和使用监测是通过数据收集和分析手段来帮助确定和提高产品的可用性、可靠性、性能及安全性，主要用以服务预测故障、诊断、自诊断、产品监控、减少维修成本、提高安全性、确定保障需求、记录实际使用数据等。健康和使用监测数据交换应用场景主要为使用信息的响应。

使用信息的响应提供了确定使用性能和响应条件所需的数据，需要将获取的数据与设计或性能指标以及使用需求进行比对；其可以看作支持使用人员告警或子系统功能异常确定，将这些信息记录下来并在需要时进一步分析。

使用信息的响应包含用于支持 RAMCT、LSA 和安全性分析所需数据的记录，其所需信息如下：技术状态（使用状态和设计状态）；包含设备在内的实际可靠性；使用信息；实际性能；产品状态；产品编号；位置信息；使用环境；使用事件；问题报告；问题所采取的措施；设备可用性。

7.1.8 报废管理应用场景

报废一般是由于技术进步和组件引进满足相同功能或新功能而性能更高的产品；报废管理是确保产品在预期寿命期间的可制造、可保障的流程，包括经济和实际供应可替换零件以及保障活动在产品预期寿命周期的规划和协调活动以保证产品的可用性。报废管理的目标是确保在设计、研发、生产和服务保障的过程中整体管理报废，从而将产品全寿命周期的成本和影响降至最低。报废管理数据交换应用场景包括创建报废管理计划的基础、确定报废候选项/执行风险评估、确定报废策略、监控、报废方案/建议。

1）创建报废管理计划的基础

本应用场景提供执行报废管理产品的分解结构/使用技术状态，需要基于其确定任务的范围。

2）确定报废候选项/执行风险评估

确定报废候选项/执行风险评估提供确定报废候选项，并结合相关信息对这些候选项进行风险评估。所需的信息如下：可靠性数据提供失效率；维修性数据表明产品维修活动的频率以及所需采取的维修活动；决定产品采购时间点信息；技术保障停止的时间点信息;存储周期;考虑基于成本的决策组件采购和修理成本;产品最小数量的订单需要的采购时间。

3）确定报废策略

确定报废策略用以确定报废策略所需的信息,确定响应式和主动式策略时需要用到可靠性和成本数据,影响相关的信息可以从 FMECA 中获取。

对于整体策略需要清除产品从开始使用到报废的时间点。对于采购周期长的产品,上次的采购策略可能非常昂贵,但对于采购周期短的产品是非常好的决策。此外,有效的数据是产品升级以及与受产品升级影响的开始和结束日期。上次购买的升级时间的混合规划可能费效比很高。总体策略取决于预期目标,因此需要制定清晰的预期目标,预期目标可能是一个可用的图表、一种等待时间的方式或其他目标图标,但必须是可测量和可验证的。因此,必须清除需求或需求的更改对报废策略的影响。

4）监控

若采用主动式策略,则需进行监控,其目标是对报废事件和日期进行预测,监控一般包括:通过收集系统产品使用起止时间进行使用数据监测;通过产品标识收集库存减少和增加的时间来监测库存数据;通过收集修理/替换和报废时间点来监测维修过程。

5）报废方案/建议

为协调产品活动和报废活动,需要清除产品停机的开始和结束时间,以便及时实施报废方案。

7.1.9 综合编队管理应用场景

综合编队管理包括规划和安排产品编队和个别产品运行的所有必要任务,同时考虑到必要的维护,产品技术状态和所有可用性因素以满足运行需求,其目标是确保产品的可用性和功能,满足客户需求。综合编队管理数据交换应用场景包括作业提案详细说明、任务取消、任务修改、编队可用性详细说明、任务评估、产品准备、产品恢复。

1）作业提案详细说明

综合编队管理应能够接收、整合和管理运营商任务要求,运营商应提供有关计划任务的所有可用和必需的信息,以便可以编制其最符合运营商需求的任务。若获取综合编队管理数据信息,就可执行分析过程,设计检查产品的可用性,是否与计划任务期间相符。如果与运营商签署了以前的合同,则分析必须将此因素考虑在内,其原因是经济效益和服务水平受到制约。

2）任务取消

一旦分配了产品,经营者仍然可以取消任务。由于产品问题,任务也可以取消,在这种情况下,可以分配新产品,如果不能执行,则根据合同可能会对综合编队管理进行处罚。

3）任务修改

客户端可以决定任务修改的原因很多，例如，如果必须延迟，产品最终不适合任务；如果由于成本或可用性原因需要重新规划。

4）编队可用性计划详细说明

处理编队可用性计划允许指导产品何时可用，甚至可以指导产品的未来使用情况。为了制订计划，编队负责人需要整理产品使其进行不同的活动，并始终具有最新的状态和能力。

5）任务评估

执行任务后，根据与客户/运营商建立的合同，有必要对其进行评估，以推断其是否成功执行任务。

6）产品准备

在执行任务之前，产品必须准备好用以确保任务成功执行，包括维修检查。如果产品不具备任务所需的特定技术状态，则需进行更改。

7）产品恢复

任务完成后，需要检查产品，目的是找出故障。在故障排除过程中使用所需的反馈信息。

7.1.10　构型管理应用场景

产品构型是影响其运行的重要因素之一，不仅出于操作原因，而且还要确保产品安全并遵守影响该特定产品的规定。构型管理数据交换应用场景为5个已识别的技术状态信息提供必要的信息，即将交付的技术状态交付给客户、向客户交付允许的技术状态、交换操作技术状态、交付客户修改、向维护者交付所有技术状态。

1）将交付的技术状态交付给客户

本实例涵盖了产品在交付给客户时的技术状态传输，其所需的信息如下：允许技术状态识别；交付安装技术状态；修改；豁免；与产品相关的设备。

2）向客户交付允许的技术状态

向客户交付允许的技术状态涵盖了向客户交付的产品的允许技术状态，其所需信息为：完整的技术状态树结构；操作技术状态基线；替代技术状态；用于识别项目位置的规则集；互换性规则；兼容性/混合规则；基本规则。

3）交换操作技术状态

该实例涵盖了维护中涉及的不同角色之间的产品操作技术的交换，其所需信息为：交付产品的结构；技术状态变更，包括：项目用相同零件编号的另一个物品交换，项目用不同零件编号的另一个物品交换，没有进行更换的设备拆卸/安装，服务公告体现，所有更改的日期。

4）交付客户修改

交付客户修改涵盖了给维护者和产品 OEM 的客户修改交付，用以确保未来 OEM 修改记录这些客户的变化，其所需信息如下：客户修改描述；操作状态技术基线；替代技术状态；用于标识项目位置的规则集；互换性规则；兼容性/混合规则。

5）向维护者交付所有技术状态

本实例涵盖将产品的期望技术状态传送到维护组织，以便指示一个必需任务所需的产品状态，其所需信息包括：为特定任务请求的具体技术状态；需要所需技术状态的日期，以及需要维护此技术状态的周期。

7.1.11 服务合同管理应用场景

服务合同管理目的是在数据反馈方面提供服务合同的管理。因此，有必要描述基于性能的方法。一旦定义了服务合同方法，就可以进行合同申请和管理指标的定义。服务合同管理数据交换应用场景包括：提供合同信息、提供工作分解结构、提供成本分解结构、提供组织分解结构、提供/更新活动计划、报告服务级别协议合规性、提供合同成本、提供状态报告、提供有关合同位置的信息和基础设施、管理服务请求、请求/授予/拒绝使用资源、分配安全分类。

1）提供合同信息

本实例主要为合同具体信息的交换，包括合同日期、利益攸关方的关系、合同条款、项目关系和合同的主题目标。

2）提供工作分解结构

该实例涵盖了两个或更多方之间的工作分解结构的交换，以便明确定义各方必须执行的工作，WBS 可以符合 MIL－STD－881 或同等级。

3）提供成本分解结构

本实例涵盖了两个或多个当事方之间的成本分解结构的交换，以便明确确定承担合同成本的概念。

4）提供组织分解结构

该实例涵盖了参与合同的两个或更多方之间的组织分解结构的交换，以此记录这些当事方之间的关系。

5）提供/更新活动计划

本实例涵盖了作为合同一部分必须执行的一系列活动的规则/更新。

6）报告服务级别协议合规性

该实例涵盖了关于遵守或不遵守服务级别协议的信息以及有关红利或罚金的相关索赔。

7）提供合同成本

此实例涵盖了收集成本数据，以控制和管理合同成本。

8）提供状态报告

该实例涵盖了根据合同或内部管理准则可能要求的合同或具体活动的状态数据交换。

9）提供有关合同位置的信息和基础设施

本实例涵盖了交换有关合同位置和必要基础设施的信息，以便能够将其支持计划作为合同内容的一部分。

10）管理服务请求

该实例涵盖一方对另一方执行服务的请求，以及进行该服务所必需的信息。

11）请求/授予/拒绝使用资源

本实例涵盖一方对另一方能够使用特定资源的请求或者对该资源的使用授权/拒绝。

12）分配安全分类

该实例通过允许将安全分类费赔给项目中使用的文档、服务、基础设施、项目和其他元素，涵盖了项目层面的安全性方面的分配和管理。

7.1.12 非预定义信息应用场景

任何一个标准规范包括 S5000F 可以涵盖各种各样的信息，以及可能需要提供反馈或要求其他组织提供支持。对于 S5000F，非预定义信息包含两类数据：结构化数据和非结构化数据。非预定义信息数据交换应用场景包括提供特定项目的值、提供非预定义信息。

1）提供特定项目的值

本实例涵盖了对已被特定项目添加到 S5000F 附加领域值的数据交换。

2）提供非预定义信息

该实例涵盖了 S5000F 中未包含的数据交换，无法添加到现有类中，因为项目特定值或其自身性质不能被包含在数据模型中。

7.2 数据交换范围

S5000F 是用来处理来自产品使用阶段的信息，如使用人员反馈给 OEM、使用人员反馈给维修人员、OEM 反馈给使用人员、维修人员反馈给使用人员等，其流程重点关注使用和维修反馈信息以及其他活动在使用阶段产生的信息，即主要关注产品全寿命周期中的使用和处置两个阶段。S5000F 可用于使用现场与 OEM 之间的信息交换，数据流传递是双向的，其具体交换关系参见图 7.8，此外，S5000F 作为产品全寿命周期管理的数据交换的基础，同时也是其他 S 系列规范信息交互的桥梁，其与其他 S 系列规范之间的关系参见 3.1.6 节，而 S5000F 与其他 S 系列规范

ILS 过程中相关活动之间关系可参见 3.1.6 节。本节围绕 S5000F 数据交换范围进行介绍，主要为产品使用和报废阶段 S5000F 与 S1000D、S2000M、S3000L、S4000P 之间的数据交换，其工作流程如图 7.8 所示。

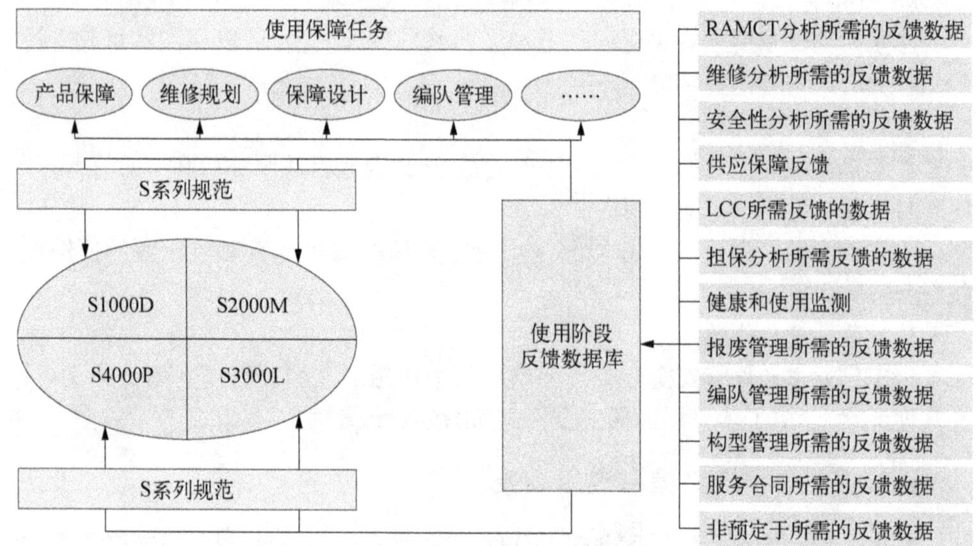

图 7.8　S5000F 与 S1000D、S2000M、S3000L、S4000P 之间的数据交换

由图 7.8 可以看出，S5000F 与其他 ASD 制订的 S 系列规范具有交互关系，而本节主要关注的是运营阶段和处置阶段由 S5000F 与 S1000D、S2000M、S3000L 和 S4000P 之间的数据交换。

7.2.1　S5000F 与 S1000D 数据交换范围

S1000D 主要用以指导生成、维护和发布全寿命周期的技术出版物，且发布的技术出版物要求符合使用公共源数据格式[50,51]，而 S5000F 主要作用是通过运营数据开展相关分析将其分析结果反馈给工程部门，对发布的技术出版物进行更新维护。例如，S5000F 反馈的数据可以用来指导维修大纲的制订以及维修检查间隔的调整。

7.2.2　S5000F 与 S2000M 数据交换范围

S2000M 目的是规划和协调全寿命周期备件供应和维修业务的过程和程序，以及信息交换要求和方法，用以实现维修资源(备件或航材)合理管理，降低和减少维修费用；而 S5000F 则是结合 S2000M 中数据字典获取相关的运营数据，通过处理分析将其结果反馈给相关部门，指导初始 RSPL 的制订和后续更新完善，并可以指导采购规划、订购管理、物资计价管理、维修管理等。

7.2.3　S5000F 与 S3000L 数据交换范围

S3000L 规定了后勤保障分析的工作流程和工作包、业务数据元素、数据模型与信息交换等内容，明确了与其他 S 系列规范的接口关系，其目的是促使保障性要求成为系统和设备要求的组成部分，确定运行支持存在的问题和费用需求，确保使用阶段所需的保障资源，目标是提高系统和设备的结构完整性、优化寿命周期费用和维修资源，寻求费用、性能和保障之间的最佳平衡点[52]。S5000F 结合 S3000L 的数据要求，在获取数据后将其进行反馈，用以实现修订维修程序、非计划维修实施、在役产品改装等。

7.2.4　S5000F 与 S4000P 数据交换范围

S4000P 是 ASD 发布的一部制订和持续改进预防性维修任务的国际规范，旨在提供实际可行的分析方法帮助相关部门建立产品的预防性维修任务和间隔，作为制订初始阶段预防性维修计划的基础，同时在产品投入使用后，其对系统、结构和区域方面的产品设计优化和修改也提供了相关分析方法，确保产品计划性维修任务的完整性和有效性[53]。S5000F 与 S4000P 数据交换范围主要集中在结合运营数据用于制订相似机型的初始预防性维修任务和后续优化更新，以及为产品使用过程中产品设计优化和修改提供建议等。

7.3　数据交换元素

本节将依据数据交换应用场景阐述 S5000F 在全寿命周期活动中涉及所需交换的数据元素，具体涵盖了 7.2 节数据交换应用场景中提到的 12 类活动。

7.3.1　RAMCT 数据交换元素

RAMCT 应用场景包括 5 个案例，其涉及的部分数据交换元素如表 7.2 所示。

表 7.2　RAMCT 用例部分数据交换元素(中英对照)

data element	数据元素	data element	数据元素
action type	任务类型	location description	位置描述
equipment fault status	产品失效状态	maintenance activity plan access hours	维修活动工时

续　表

data element	数据元素	data element	数据元素
equipment operating period	产品运行阶段	operating environment period	运行环境
event relationship type	事件关系类型	operational mode description	运行模式描述
facility operator during	设施操作	required safety action description	安全要求措施
failure cause description	失效原因描述	safety isssue reporting date time	安全报告时间
fleet availability value	机队可用度	support equipment type	支持设备类型

7.3.2　维修分析数据交换元素

维修分析应用场景包括 6 个案例,其涉及的部分数据交换元素如表 7.3 所示。

表 7.3　维修分析用例部分数据交换元素(中英对照)

data element	数据元素	data element	数据元素
change effect description	改装影响描述	maintenance program type	维修类型
damage description	损伤描述	material risk factor	材料风险因素
equipment fault status	设备故障状态	operational period scheduled	计划运行周期
failure cause description	失效原因描述	skill level description	技能水平描述
maintenance event description	维护事件描述	support equipment type	支持设备类型
maintenance level identifier	维修水平标识	warranty claim type	担保声明类型
maintenance person remarks	维修人员标识	work item status	工作项目状态

7.3.3　安全性数据交换元素

安全性应用场景包括 3 个案例,其涉及的部分数据交换元素如表 7.4 所示。

表 7.4　安全性用例部分数据交换元素(中英对照)

data element	数据元素	data element	数据元素
safety document criticality	重要安全文件	operational role type	操作角色类型
safety isssue reporting date time	安全事件报告日期	operational role description	操作角色描述

续 表

data element	数据元素	data element	数据元素
safety issue assessment by	安全问题评估	operational mode classification	运行模式分类
safety issue first identification date time	首次识别安全问题日期	safety warning priority	安全警告优先级别
warranty event period	担保周期	service bulletin type	服务公告类型

7.3.4 供应支持数据交换元素

供应支持应用场景包括 7 个案例,其涉及的部分数据交换元素如表 7.5 所示。

表 7.5 供应支持用例部分数据交换元素(中英对照)

data element	数据元素	data element	数据元素
fleet avaialbility reporting date	可用度报告日期	minimum sales quantity	最小销售量
fleet availability period	阶段机队可用度	support equipment weight	支持设备重量
fleet availability value	机队可用度值	support equipment dimensions	支持设备尺寸

7.3.5 全寿命周期成本数据交换元素

全寿命周期成本分析应用场景包括 5 个案例,其涉及的部分数据交换元素如表 7.6 所示。

表 7.6 全寿命周期成本用例部分数据交换元素(中英对照)

data element	数据元素	data element	数据元素
budget date	预算日期	fleet task description	机队任务描述
budget description	预算描述	material description	材料描述
cargo item name	货物项目名称	cargo item units	货物项目单元

7.3.6 担保分析数据交换元素

担保分析应用场景包括 5 个案例,其涉及的部分数据交换元素如表 7.7 所示。

表 7.7 担保分析用例部分数据交换元素(中英对照)

data element	数据元素	data element	数据元素
warranty claim communication means	担保索赔沟通方式	warranty claim occurrence date	担保索赔期限
warranty claim contact type	担保合同类型	warranty claim resolution date	担保解决日期
warranty claim filing date	担保申请日期	warranty claim resolution type	担保解决类型
warranty claim follow up notes	担保合同内容	warranty claim settlement date	担保结算日期
warranty claim identifier	担保索赔标识	warranty event period	担保周期

7.3.7 健康与使用监测数据交换元素

担保分析应用场景包括 3 个案例,其涉及的部分数据交换元素如表 7.8 所示。

表 7.8 健康与使用监测用例部分数据交换元素(中英对照)

data element	数据元素	data element	数据元素
down time period	停工周期	sensor sampling mode	传感器采样模式
down time period reason	停工原因	sensor sampling time	传感器采样时间
event description	事件描述	sensor sensitivity	传感器灵敏度
fleet task description	机队任务描述	operational event operational mode	运行事件运行模式

7.3.8 报废管理数据交换元素

报废管理应用场景包括 5 个案例,其涉及的部分数据交换元素如表 7.9 所示。

表 7.9 报废管理用例部分数据交换元素(中英对照)

data element	数据元素	data element	数据元素
obsolescence parameter description	报废参数描述	obsolescence parameter name	报废参数名称
obsolescence parameter id	报废参数化	obsolescence parameter type	报废参数类型
obsolescence parameter value	报废参数值		

7.3.9　综合编队管理数据交换元素

综合编队管理应用场景包括7个案例,其涉及的部分数据交换元素如表7.10所示。

表7.10　综合编队管理用例部分数据交换元素(中英对照)

data element	数据元素	data element	数据元素
operating base capacity identifier	运行能力标识	operating base product variant capacity	产品差异
operating environment period	运行环境阶段	operational event category type	运行事件类别
operational event message identifier	运行事件信息	operational event message sequence	运行事件信息序列
operational event message type	运行事件信息类型	operational mode	运行模式

7.3.10　构型管理管理数据交换元素

构型管理应用场景包括5个案例,其涉及的部分数据交换元素如表7.11所示。

表7.11　构型管理用例部分数据交换元素(中英对照)

data element	数据元素	data element	数据元素
change authorization identifier	变更授权标识	change embodiment requirement	需求变更实施
change request description	变更请求描述	planned item upgrade identifier	升级项目标识
planned item upgrade priority	优先变更项目	planned item upgrade reason	变更项目原因
planned upgrade time version	计划升级版本	product identifier	产品标识

7.3.11　服务合同管理数据交换元素

服务合同管理应用场景包括12个案例,其涉及的部分数据交换元素如表7.12所示。

表7.12　服务合同管理用例部分数据交换元素(中英对照)

data element	数据元素	data element	数据元素
contract clause description	合同条款说明	contract clause identifier	合同条款标识
contract clause validity period	合同有效周期	contract effectivity date times	合同生效日期

续 表

data element	数据元素	data element	数据元素
contract name	合同名称	contract party role	合同方角色
contract status	合同状态	contract type	合同类型
contract relationship type	合同关系类型	contract signature date	合同签字日期

7.3.12 非预定义信息数据交换元素

非预定义信息应用场景包括 2 个案例,其涉及的部分数据交换元素如表 7.13 所示。

表 7.13 非预定义信息用例部分数据交换元素(中英对照)

data element	数据元素	data element	数据元素
temporary classification type	临时分类类型	temporary classification validity	临时分类有效性
temporary identifier	临时标识	temporary identifier validity	临时标识有效性

7.4 数据交换规则

S5000F 数据交换是以可扩展标记语言(extensible markup language,XML)和 XML 架构为规则进行数据传输,其中 XML 架构使用 SX002D 通用数据模型定义的 XML 架构,用以确保与其他 S 系列规范的互通性。

S5000F 数据交换是以 XML 的形式进行的,基本信息在 SX002D 中进行了定义,并在 UoF 信息中被复制。消息是从一方传达给另一方的信息的集合,即可以创建新信息、更新或删除现有信息,其可以是单个种类或多个种类相关联的信息。需要说明的是,反馈不是单向的(如运营商到 OEM),而是多方位的,也就是客户和承包商在不同的合同中可以担任不同的角色,因此数据流也会随之转变。

S5000F 并不是为所有其他 S 系列规范提供直接的信息集,尽管采用相同的公共数据模型,但需要进行转换才能供其使用。换言之,数据需根据某些标准进行转换、过滤或汇总以供使用。例如,故障数据需通过过滤和聚合来获取 MTBF 的分析结果,在转换、过滤或聚合过程中依据相应输入规范中定义的方式进行。图 7.9 给出了 S5000F 与 S3000L 和 S1000D 的数据流示意图。

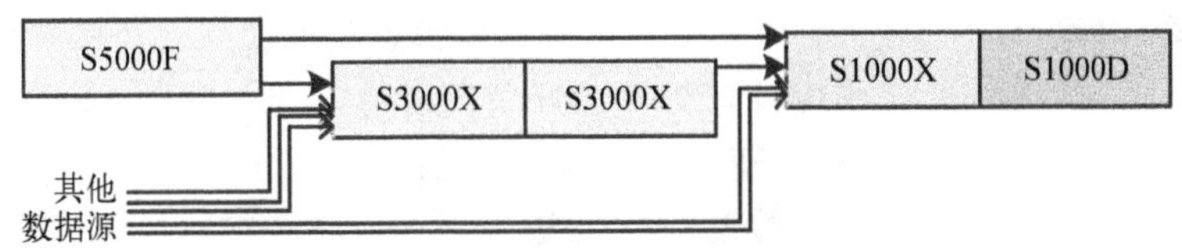

图 7.9　S5000F 与 S3000L 和 S1000D 的数据流示意图

S5000F XML 架构衍生于 S5000F 数据模型，将 S5000F 数据模型映射到 S5000F XML 架构的方法是根据 DMEW 定义的 XML 架构规则执行的，这个规则对于整个系列规范均适用。使用 S5000F 的 XML 架构交换服务反馈数据时，仅交换更新的选项，可以在完整基线信息之间发送更新消息，并可以适应服务数据的次要和主要的变化，即数据的接受者不需要分析采取哪些措施来更新目标数据集。

S5000F XML 架构提供 ISO 10303－239 产品寿命周期保障(product life cycle support，PLCS)的映射，并通过内部全寿命周期管理系统，将反馈数据映射到设计信息，这些映射将成为相应的 S5000F XML 架构的一个组成部分。

XML 架构旨在支持业务对象模型层的数据交换，其还包括将每个元素和属性明确映射到 PLCS 所需的映射细节，以便基于 PLCS 的数据交换和/或基于 PLCS 的数据整合，以及将来与其他基于 ISO 10303 的数据的集成。

在整个数据交换过程中，建议将作为操作和维护反馈的一部分提供给所有信息存储在公共数据库中，且服务反馈数据与其他后勤数据库分开维护，其原因为：获取的数据可能会来自多方，需要协调；数据具有不同的自量水平，需要过滤验证才能使用；数据的映射不总是直接映射；利益相关方具有不同的 IT 框架架构和应用程序；同一个数据库允许数据的正确同步、更好的数据集成和数据质量。

7.5　数据交换流程

关于数据交换流程，S5000F 第 2 章明确给出了其具体业务流程，整个数据交换业务流程由 5 个阶段组成，即评审阶段、定义阶段、标准化阶段、数据处理阶段和分析阶段。该流程已在 3.1.6 节中进行了简要说明：指导会议、合同拟定、定义相关分析、定义请求的数据元素、定义反馈利益攸关方、定义数据反馈格式、请求的数据规范、统一的数据库规范、数据访问规范、数据传输规范、数据生成、数据收集、数据准备、执行分析、生成结果、结果反馈、审查会议和流程更新完善。本节主要针对各流程进行简要介绍。

1）指导会议

合同拟定之前，需要举办一个指导会议，其是一个管理团队和现场专家、客户和承包商共同参与的会议。在会议中，需要明确执行工作流程的规范。为保证会议成效,必须做好输入,并且有明确的预期结果以及最终的协议。还要明确指出的是影响反馈工作的主要决定应该在指导会议之前进行沟通。此外,还需要在指导会议上定义数据的存储、数据的转换以及数据的访问权限。

指导会议是一种与客户沟通工作的方式,需要按照相关的规则和时间节点,基于合同要求以及详细的协议认真完成工作。指导会议还要说明客户认可或需要反馈的问题,不需要更改合同和成本,为了保证灵活性,需要进行客户定制化处理。结合所描述的业务流程,指导会议必须确定所有的流程步骤。

2) 合同拟定

在指导会议确定所有相关的定义后签订合同,合同反映和汇总了指导会议上的决策和定义,描述了需要支持和利益相关方关注的活动内容,还定义了数据交付的时间和顺序,以及数据转换的细节。

3) 定义相关分析

为了满足分析所需的数据要求,需要定义所需的分析。结合定义的分析活动,阐明需要通过流程转换的数据。此外,定义的相关分析活动分布于 S5000F 相应的章节,同时定义了需要提供的数据。通过确定分析活动后才能定义利益相关方所需的数据,需在反馈流程的开始阶段定义所需的分析活动。

4) 定义请求的数据元素

基于指导会议定义的活动及其所需的数据元素,指导会议文档中包含所需的分析或描述需要支持的所有活动的合同。

5) 定义反馈利益攸关方

因为有两种数据交付流程,所以需要提前定义不同利益攸关方,建立数据收集流程和提供流程。数据收集流程负责从不同的数据源收集数据,针对不同的利益攸关方,提供相应的数据交换流程。利益攸关方使用不同的 S 系列规范进行使用阶段数据分析,且在 SX000i 规范定义了不同的利益攸关方。此外,数据分析是一个持续的任务,需要定义数据转换的频率和时间周期。

6) 定义数据反馈格式

指导会议上还需确定反馈的数据格式,定义数据以哪种格式传输。由于数据基于 PLCS 数据模型,建议采用 DEX 模板转换数据;当分析人员需要用其他格式数据时,必须提出申请,且在指导会议上声明。

7) 请求的数据规范

所需的数据元素除要遵守 S5000F 要求外,还要进行规范以便进行所需的分析。此时,数据格式、数据源和数据转换规则都需要描述。使用阶段的数据库也要扩展,以支持满足分析所需的数据。

8) 统一的数据库规范

收集的数据在进入使用反馈数据库时必须进行统一处理,数据采集过程中的相关方必须保证数据元素的唯一性，检查是否重复、唯一性、正确性等。使用阶段的数据库存储的所有数据都要验证状态的有效性，以保证数据使用方能够认可这些收集到的数据。

9）数据访问规范

一般数据访问要限定角色或至少限定到公司或/和部门级。因此，需要进行权限管理，以避免没有权限的人访问数据。不同项目中的人员权限不同，这种方案需要在指导会议上明确，一般访问权限有数据发布、数据的存储和管理、数据需求 3 种权限。

数据发布组长期向设计的通用数据库发送更新数据，为了避免不一致或错误，需要赋予发布人员一定的访问权限。对于通用数据库中的数据检查和数据存储，需要有一个具有全部访问权的数据管理员。数据需求主要接收数据库中同意的数据，进行评估和分析。因此，指导会议必须把这些人员与他们的数据需求与接收权限进行关联。对每个授权人员的许可都要详细描述，以保证满足数据要求。

10）数据传输规范

在流程启动时必须定义数据传输，使用数据分析的工作质量很大程度上取决于数据传输的完整性和质量。数据传输规范确保数据能够通过预定的载体和安全发布机制在规定时间以规定格式提供。为保证数据的完整性和质量，所有参与方必须就数据发布规范达成一致意见。

11）数据生成

数据如何生成不是 S5000F 需要考虑的内容，多数情况下在相关的 ASD 文档或分析文件中进行描述。本条内容介绍了如何从不同的数据源借助数据库传输到用户的过程，但是没有介绍数据如何生成的内容。其实，这些数据是通过所使用的业务或业务流程产生，并且不同系统之间有很大区别。

12）数据收集

相关数据元素会被收集到使用数据库中，考虑到数据格式、传输和协调过程，数据将会保存到数据库中。在业务流程开始之初，数据收集到使用数据库之前，需要进行大量的设置，并对定义进行统一。

13）数据准备

原始数据必须进行转换以满足分析的要求，因此很多数据在存入使用数据库之前需要准备并进行转换。如果出现数据不符合 PLCS 格式的情况，这时需要以适当的方式对数据元素进行格式化，以确保数据的一致性。

数据准备工作应该由负责源数据的组织或负责使用数据库的组在数据存入数据库之前开展，且存储前必须执行质量检查。

14）执行分析

需要执行哪些分析不是 S5000F 的内容，在相关的 S 系列规范中对分析工作进行了介绍,如 S3000L 等或使用数据请求方会有相关介绍。

15) 生成结果

分析结果主要取决于预期的结果,在初始的 S 系列规范或其他使用的分析标准中有对不同分析的输出结果的描述。

16) 结果反馈

使用数据分析的结果一般基于不同的 S 系列规范和其他适用标准生成。其他标准相关的数据在标准中单独介绍。因此,由每个标准规范来介绍相关的输出结果。

17) 审查会议

在产品整个试用阶段,上述流程是一个持续的流程,建议建立对指导会议上基于经验和获得的定义进行评审的审查会议。通常防御装备的试用阶段是非常长的,因此有可能对数据采集和供应进行更改。审查会负责讨论并协调各参与方来处理所需的更改,一旦发生更改,必须执行流程的审查;如果更改影响合同,审查过程需要反馈到相关业务流程。

18) 流程更新完善

使用数据的反馈过程是一个动态的过程,必须不断更新完善。数据元素和流程取决于分析甚至取决于试用阶段需要确定或观察的系统。

第八章　民用飞机运行支持构型管理与数据交换集成应用系统

8.1　数据交换与集成应用系统的目标和应用模式

S 系列 ILS 规范和 S 系列数据交换规范的制订和陆续发布，不但为各 S 系列规范数字化系统的研发提供了可遵循的标准，同时也为基于 S 系列规范的各应用系统之间业务数据的共享交换奠定了很好的基础，系统之间的数据交换可以做到标准化、一致化、自动化、智能化、高效、独立而不依赖任何单一应用系统。这也是 S 系列规范各工作组及其指导委员会制订上述各规范的重要出发点和初衷之一。

本书第四章到第八章分别描述了工程设计到运行支持、维修工程分析到技术出版物、维修工程分析到计划维修、维修工程分析与技术出版物到航材、客户数据反馈等的数据共享交换的应用场景、交换的数据范围、数据元素及其属性、数据交换规则。

本章将提出建立一个民用飞机运行支持构型管理与数据共享交换应用系统，该系统的内存对象数据模型将基于 SX002D 公用数据模型，支持的文件格式将基于 SX005G 定义的 XML 数据模式，其功能的实现将基于目前主流的微服务架构实现，其提供的服务将能够满足基于 S 系列数据规范的各业务应用系统（如 S1000D 系统、S2000M 系统、S3000L 系统、S4000P 系统、S5000F 系统）之间进行业务数据的共享交换。

为了实现高效、自动的数据交换，并保证数据交换质量，必须建设民用飞机运行支持构型管理与数据交换集成应用系统，该系统能够独立于 S 系列规范各应用系统，同时又能够方便地为各系统提供基于 S 系列数据交换规范的数据交换服务。

民用飞机运行支持构型管理与数据交换集成应用的主要目标：

（1）设计基于微服务的民用飞机运行支持构型管理与数据交换的技术架构；

（2）基于国际 ASD 数据交换规范等，提供基于微服务的运营支持数据交换服务。主要包括：设计工程到运行支持的数据交换服务；维修工程分析数据到维修类技术出版物的数据交换服务；技术出版物到培训的数据交换服务；维修工程分析与出版物到航材的数据交换服务；客户数据反馈数据交换服务；

（3）实现数据交换服务的注册、发布、监控管理、流程化控制、质量管理、交换日志管理。

基于 S 系列数据规范及其数据输入规范的数据交换应用模式如图 8.1 所示。

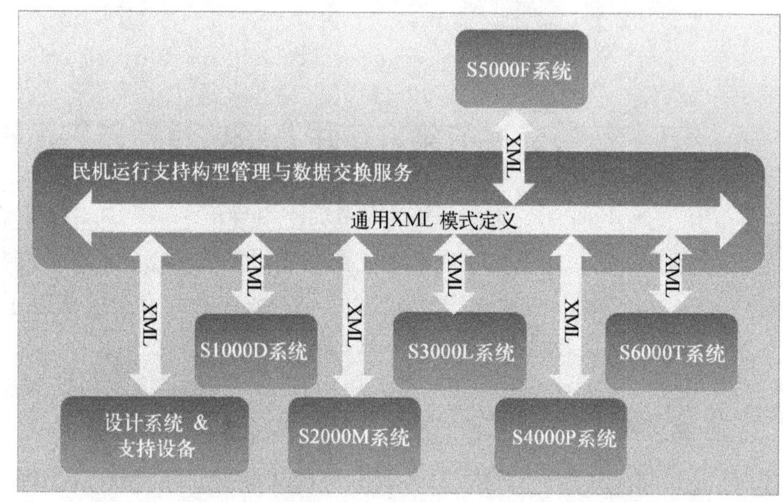

图 8.1　数据交换服务应用模式

由图 8.1 可知，建设统一的民用飞机运行支持构型管理与数据交换服务系统，该系统基于 SX002D 公共数据模型、SX001G 术语规范、SX004G UML 统一建模语言规范、SX005G XML 数据模式定义实现规范以及 Sn0000X 系列输入数据规范搭建，独立于 S1000D、S2000M、S3000L、S4000P、S5000F、S6000T 等基于 S 系列规范的数据管理与应用系统。各 S 系列规范的应用系统需要导入来源于其他系统的数据时，可以调用本数据交换系统提供的服务，完成数据在不同规范之间的转换。数据转换的文件格式基于 S 系列规范定义的 XML 格式。

8.2　系统总体功能架构

系统从层次上自上而下可以划分为应用层、接口层、数据交换服务层、基础支撑层、数据资源层五个层面，每个层次的说明如下。

应用层：应用层可以划分为 WEB 应用端和 API 接口服务，用户可以通过 WEB 应用端界面登录系统、信息数据展现,直接使用系统提供的数据交换服务,API 接口服务提供基于 RESTful 风格的服务接口 API,S1000D 系统、S2000M 系统等应用系统可以通过 API 接口服务调用本系统提供的数据交换服务,完成数据从源数据到目标数据的交换。

接口层:通过 API Gateway 即 API 服务网关对外统一提供微服务。接口层作为协调各应用客户端与微服务的中间层,是外部服务请求的统一入口。

数据交换服务层:系统提供的基础服务如用户认证服务、项目管理服务、构型管理服务,以及数据交换服务,包括 S1000X 数据交换服务,S2000X 数据交换服务、S3000X 数据交换服务、S4000P 数据交换服务、S6000T 数据交换服务等。

基础支撑层:提供基础的公共组件,包括用户认证服务、工作流服务、构型管理服务、映射关系管理服务、数据访问服务。

数据层:用户数据交换的飞机运营支撑数据,数据层是系统数据的根本所在,可扩展、易维护的信息源是实现动态更新信息的基础。数据层整合了各类数据资源,包括系统的项目数据、型号构型数据、CDM、Sn000X 的在源数据元素及其属性和目标数据元素及其属性的映射关系,还有数据交换的源数据、转换后的数据、转换日志、用户角色权限数据、数据字典等。数据存储采用关系数据库。

从应用层面上,系统主要提供如下功能:用户登录验证、APIKEY 申请、项目管理、产品构型管理、数据元素映射关系管理、S1000X 数据输入交换服务、S2000X 数据输入交换服务、S3000X 数据输入交换服务、S4000X 数据输入交换服务、S6000X 数据输入交换服务、S1000X 数据输入交换服务、查询、统计、系统管理(包括用户管理、角色管理、角色授权管理)、数据字典管理、安全日志管理和微服务管理(包括服务的注册、发现、授权认证、负载均衡、容错、监控告警等功能)。系统结构图如图 8.2 所示。

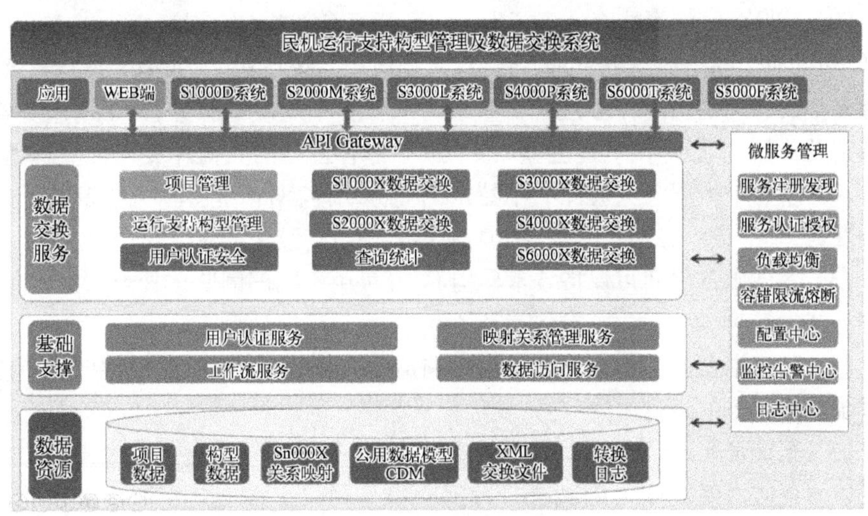

图 8.2　系统功能架构

8.3 系统技术路线

8.3.1 整个应用采用 B/S 模式

采用 B/S 架构开发软件,适用用户群多、图形化界面展现要求高的系统,便于系统统一升级、统一维护[54]。

B/S(Browser/Server)结构即浏览器和服务器结构。它是随着 Internet 技术兴起的结构,其最大优点:一是维护和升级方式简单。由于系统集中部署在服务器端,当需要对应用系统进行升级时,只需更新服务器端的软件就可以,这减轻了异地用户系统维护与升级的成本;二是系统应用的灵活性。任何时间、任何地点、任何系统,只要可以使用浏览器上网,就可以使用应用系统。

8.3.2 基于 Spring Cloud 微服务框架构建整个数据交换应用

微服务的基本思想是将传统的单体应用按业务功能拆分为一系列可被独立设计、开发、部署、运维的软件服务单元,服务间彼此配合、相互协作以实现最终价值。

微服务框架一般都包括服务注册与发现、负载均衡、服务网关和服务容错等核心部件。与传统的基于 WEB 服务、ESB 总线的服务架构相比,微服务更具优势。

(1) 微服务架构提倡轻量级的服务架构理念,在实践时采用去中心化的思想,微服务间的通信基于一些基本的原则(如 REST),并采用如 HTTP、JSON、XML 这类轻量级协议。

(2) 微服务的细颗粒度易于开发维护。微服务架构(microservices architecture, MSA)根据应用系统的业务需求,将传统大型应用系统在功能、数据上进行分解,划分为多个具有明确边界并可被自由重组的细粒度小规模子服务,每个子服务都具备特定的功能,子服务间彼此独立,每个服务都有自己的数据库并可独立部署、运行等。由于一个微服务只关注一个特定的业务功能,所以业务清晰、代码量较少,复杂度低,单个微服务易于开发、维护,能够实现可持续集成及交付。

(3) 各微服务之间可保持技术异构性,并可由不同的团队选择合适的工具、语言进行开发。

(4) 基于微服务架构构造的系统容错能力强大,单个微服务出现问题不会影响系统其他服务的运行。

(5) 系统可实现动态按需实时扩展等,微服务体系架构更适合民用飞机客户服务领域各应用系统间松散耦合且数据交换呈现持续性、多发性、广泛性的应用场景。

8.3.3　采用前后端分离技术，前后端通信采用 RESTful 风格

前后端分离是目前 B/S 架构项目开发的一种主流模式，前端负责与用户交互，渲染页面，后端负责提供数据，前后端通过统一的接口方式和数据格式进行通信。通过前后端分离，一是可以划清边界，降低耦合；二是可以适应目前各种各样的客户端设备如手机、PC、大屏，以及各类的前端操作系统如 IOS、Android、Windows、Linux 等；三是通过前端服务器独立部署，利用反向代理技术，还可以增加核心系统的安全性。前端可以采用基于 MVVM 模式的 VUE，后端基于 Spring Cloud。

前后端通信采用 RESTful 风格。RESTful 可以说是一种面向资源的架构，支持轻量级、跨平台、跨语言的架构设计，其特点是每个资源都用唯一的 URI 标识，客户端使用 GET、POST、PUT、DELETE 四个表示操作方式的动词对服务端资源进行操作：GET 用来获取资源，POST 用来新建资源（也可以用于更新资源），PUT 用来更新资源，DELETE 用来删除资源。客户端和服务器端直接通过 HTTP 传输数据，因此客户端与服务端之间的交互在请求之间是无状态的。传输的数据格式可以是 JSON 或 XML。REST 调用的返回值直接采用 HTTP 标准的状态码。

8.3.4　采用 JAVA EE 技术，提升平台及应用系统的可移植性

平台及应用系统均具有很好的可移植性和可扩充性。为了可移植，平台开发的技术尽可能与操作系统无关。谈到与操作系统无关的开发技术，目前主流使用 JAVA。要使系统具有可扩充性就必须采用通用的组件标准。JAVA EE 是 Oracle 公司所颁布的标准，已广为工业界所接受，JAVA EE 的出现标志着用 JAVA 开发企业级应用系统已变得非常简单。

由于 JAVA EE 是多层的分布式体系结构，使系统的操作和运行具有很好的灵活性；先进 JAVA 计算方案如面向对象、独立于平台、快速集成、代码重用等，使系统具有良好的可移植性和可扩展性，所以我们选择 JAVA EE 作为系统的应用服务平台。

JAVA EE 为搭建具有可伸缩性、灵活性、易维护性的业务系统提供了良好的机制。

（1）支持异构环境：JAVA EE 能够开发部署在异构环境中的可移植程序。基于 JAVA EE 的应用程序不依赖任何特定操作系统、中间件、硬件。因此设计合理的基于 JAVA EE 的程序只需开发一次就可部署到各种平台。这在典型的异构计算环境中是十分关键的。JAVA EE 标准也允许使用与 JAVA EE 兼容的第三方的现成组件，把它们部署到异构环境中，节省了由自己制订整个方案所需的费用。

（2）可伸缩性：基于 JAVA EE 平台的应用程序可被部署到各种操作系统上，为消除系统中的瓶颈，允许多台服务器集成部署，实现可高度伸缩的系统，满足未来业务系统的需要。

（3）稳定的可用性：一个服务器端平台必须能全天候运转以满足业务运行的

需要。将 JAVA EE 部署到可靠的操作环境中,将支持长期的可用性。

(4) 强大的应用开发能力:JAVA EE 框架中的多种技术提供了应用开发的手段,如 XML、JMS、RMI/IIOP、JCA,从数据级、组件级、应用级等层次支持各类应用的集成。

(5) JAVA EE 应用是互联网技术的重要先驱,能够保障系统的高并发性、稳定性、安全性和高效性。

8.3.5 在数据交换中利用人工智能和机器学习技术降低成本提高数据质量和减少数据质量风险

目前通过机器学习手段,基于积累的大量数据资料,利用人工智能(AI)挖掘发现复杂数据中的映射模式,在其他领域已有成功应用。由于 S 系列规范数据非常庞大,各工作组相对独立,要实现各规范数据元素及数据的协调一致以及同一规范历史各版本之间的协调性,面临巨大挑战。特别是在数据映射关系的调整,以及由此引起的原有数据交换结果是否需要相应更新,这些更新会导致哪些影响,对应应该如何处理,人工智能在此应有一席之地。

本系统中,一是智能映射关系符合性检查,应用于数据交换规范总各数据元素映射关系、交换规范中数据元素与源数据规范和目标数据规范的元素及属性定义的一致性检查;二是数据质量校验,在交换前对源数据和目标数据结构进行检查,在交换后对目标数据进行质量校核,以减少人工校核成本,提高数据质量,降低数据交换带来的数据质量风险。

8.4 数据库的设计和实现

数据交换应用需要持久化用户角色权限、Sn000X 数据输入规范的数据元素映射关系、项目数据、型号构型数据、用于数据转换的源数据文件和目标数据文件等。

8.4.1 系统的数据表清单

对不同数据类别系统定义不同的数据表清单,如用户表、项目表、产品构型信息表、型号产品分解结构表、源数据元素及属性与目标数据元素技术性映射关系表、数据交换日志表、角色表、功能权限表等,数据清单表名及中文描述如表 8.1 所示。

表 8.1 数据表清单

编号	表　名	中文描述	备　注
1	T_USER_APIKEYS	用户表	
2	T_PROJECTS	项目表	

续　表

编号	表　名	中文描述	备　注
3	T_PRODUCT_CONFIGURAITONS	产品构型信息表	
4	T_PRODUCT_BREAKDOWNS	型号产品分解结构表	
5	T_MAPPINGOF_DATAELMENTS_AND_ATTRS	源数据元素及属性与目标数据元素技术性映射关系表	存储S系列不同规范间数据元素及属性的映射关系和映射规则
6	T_DEX_RECORDS	数据交换日志表	存储数据交换的日志
7	T_SYS_ROLES	角色表	
8	T_SYS_FUNCTION_RIGHTS	功能权限表	
9	T_SYS_DICTS	数据字典类别表	
10	T_SYS_DICT_TERMS	数据字典词项表	

8.4.2　系统的数据表结构

对系统的数据表定义固定的表单结构,方便对数据进行录入。数据表清单详见4.1节,本节以数据交换表为示例展示系统的数据表结构,如表8.2所示。

表8.2　数据交换记录表

表　名	T_DEX__RECORDS			表序号			
中文描述	数据交换记录表						
设计人	XXX			建立日期		2021-3-16	
版本号	1.0			修改日期			
列　名	中文描述	数据类型(长度)	允许空	默认值	自增	PK	数据字典
D_ID	主键ID	NUMBER(9)	否	无	否	是	
srcFileID	源文件ID	VARCHAR(100)	是	无	否	否	
DestFileID	目标文件ID	VARCHAR(100)	是	无	否	否	
TransType	交换类型	VARCHAR(10)	是	无	否	否	
description	交换说明	VARCHAR2(100)	是	无	否	否	
TransUser	交换人	VARCHAR(50)	是	无	否	否	
TransDate	交换日期	DATE	是	无	否	否	
CheckUser	审核人	VARCHAR(50)	是	无	否	否	

续 表

列　名	中文描述	数据类型(长度)	允许空	默认值	自增	PK	数据字典
CheckDate	审核日期	DATE	是	无	否	否	
Appoveuser	批准人	VARCHAR(50)	是	无	否	否	
AppovDate	批准日期	DATE	是	无	否	否	
Status	交换状态	VARCHAR(20)	是	无	否	否	成功失败
ErrorMessage	错误信息	TEXT	是	无	否	否	
Remark	备注	VARCHAR(100)	是	无	否	否	

8.5　数据交换的流程

数据交换功能基于 S 系列数据交换模型数据实现,其主要流程包括:用户身份验证、源文件上传与目标文件选择、基于 Sn00X 的数据模型转换、目标文件生成、数据转换记录等,具体交换流程如图 8.3 所示。

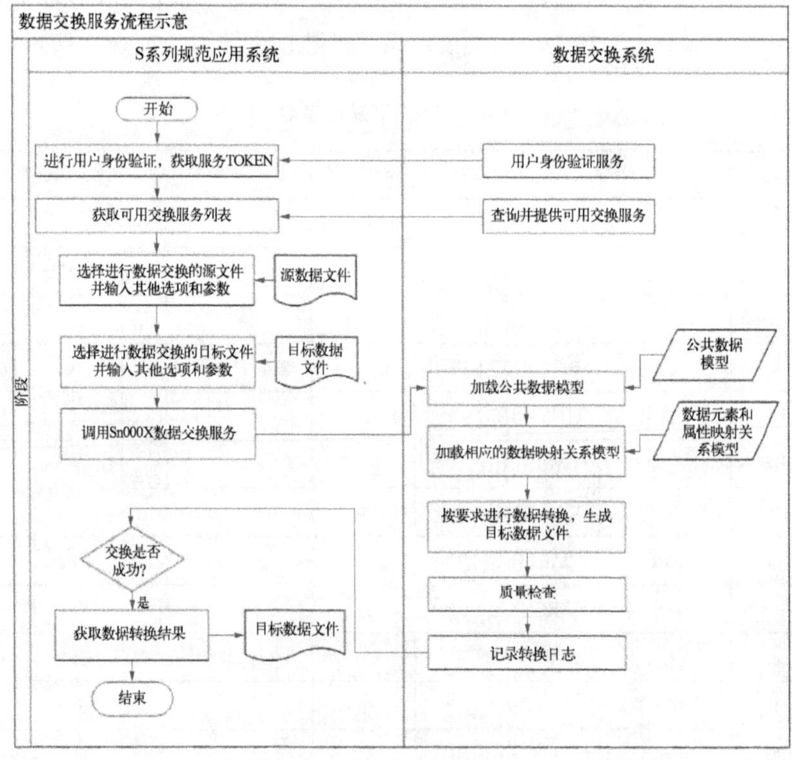

图 8.3　数据交换流程

8.6　数据交换功能的实现

8.6.1　数据交换管理

本模块负责数据交换功能实现后的所有的源数据文件和目标数据文件管理，界面可以提供查询源文件和目标文件的功能，并且显示文件的审核状态与该数据交换文件的交换人、审核人和审核日期等。数据交换管理界面如图 8.4 所示。

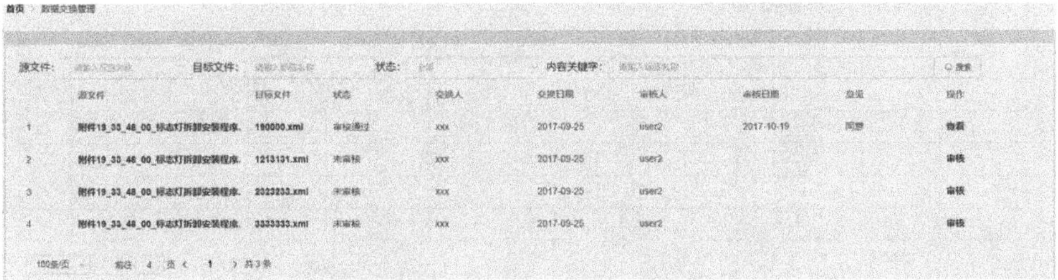

图 8.4　数据交换管理界面

8.6.2　新建数据交换任务

如果要创建一个新的数据交换任务，需要在系统中对源文件、交换所用的数据模型规范和审核人进行选择，这是数据交换任务创建的三大基本要素，新建数据交换任务界面如图 8.5 所示。

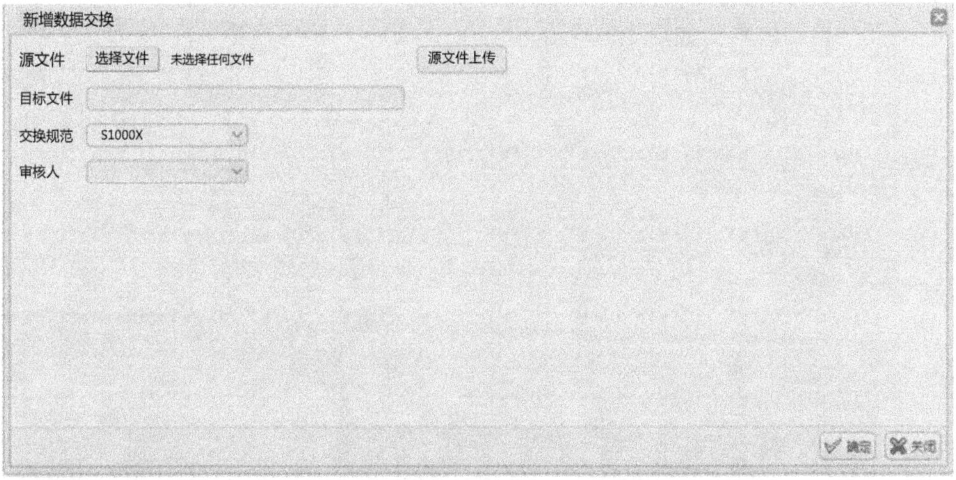

图 8.5　新建数据交换任务界面

8.6.3 选择源数据文件、目标文件并进行交换

在选择源数据文件,并选择使用的数据交换规范后,可选择一个已有的目标文件,也可指定生成新的目标数据文件。点击确定后开始进行交换。源文件选择和目标文件交换界面如图 8.6 所示。

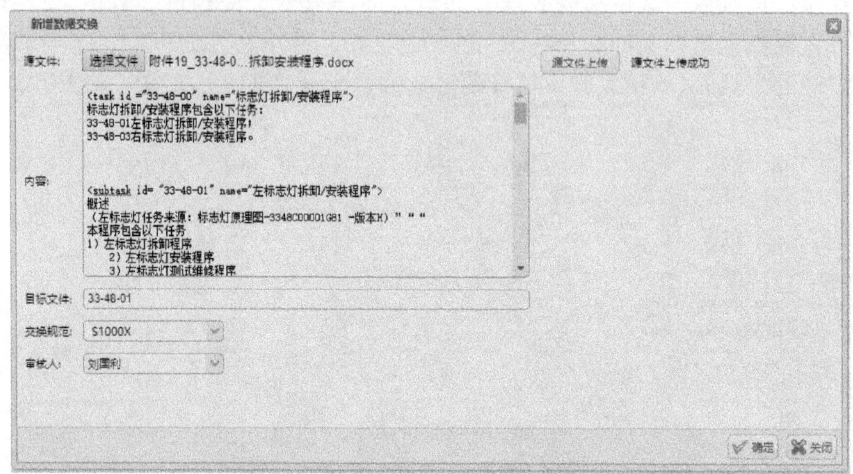

图 8.6　源文件选择和目标文件交换界面

8.6.4 对交换结果进行审核

系统经过公共数据模型、数据映射关系模型等实现源文件和目标文件的转换,为方便使用者进行比对,源文件简介和目标文件结果均分别展示在界面的左右两侧,交换结果审核界面如图 8.7 所示。

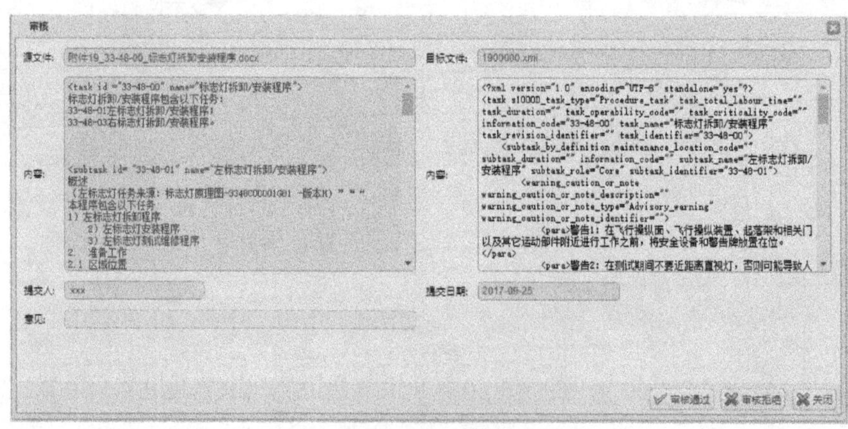

图 8.7　交换结果审核界面

8.6.5　交换结果的下载和导出

在数据交换管理的页面,如果目标文件已经生成且没有错误,用户可以点击目标文件链接,下载目标数据文件到本地,然后可以导入到其他应用系统。如果是通过数据交换服务 API 调用,则目标数据文件直接返回给调用该服务的应用系统,如图 8.8 所示。

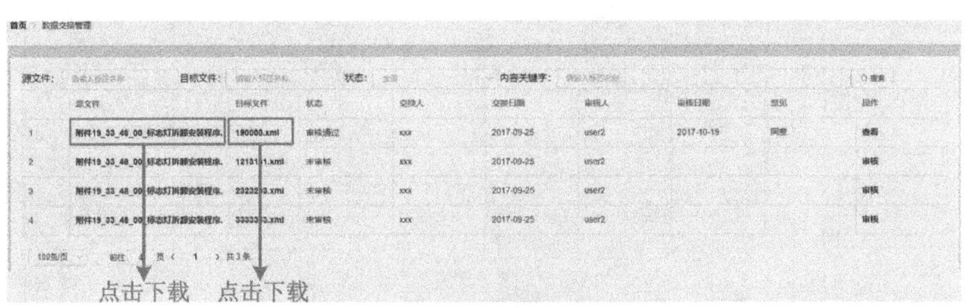

图 8.8　交换结果下载/导出界面

8.6.6　数据交换历史文件的管理和查询

在 8.3.5 的数据交换管理视图中,用户可以按照源文件名称、目标文件名称、交换状态、交换人、交换日期、审核人、审核日期、审核意见,以及交换文件内容中的任意关键词,来进行单条件或组合条件检索。用户点击搜索按钮后,系统将会快速返回满足查询条件的数据交换记录。

8.7　数据交换微服务的发布和监控管理

本系统的微服务管理采用阿里巴巴的 NACOS 微服务管理工具。本节对 NACOS 的总体架构和主要功能做了简单介绍。NACOS 的详细功能和使用指南请参见 NACOS 社区(网址：https://nacos.io/)的 NACOS 文档。

NACOS 提供了一组简单易用的特性集,实现动态服务发现、服务配置、服务元数据及流量管理,构建以"服务"为中心的现代应用架构(例如微服务范式、云原生范式)的服务基础设施。微服务管理工具逻辑架构见图 8.9。其逻辑架构中包括的主要功能如下。

(1) 服务管理：实现服务 CRUD、域名 CRUD、服务健康状态检查、服务权重管理等功能。

(2) 配置管理：实现配置管 CRUD、版本管理、灰度管理、监听管理、推送轨迹、

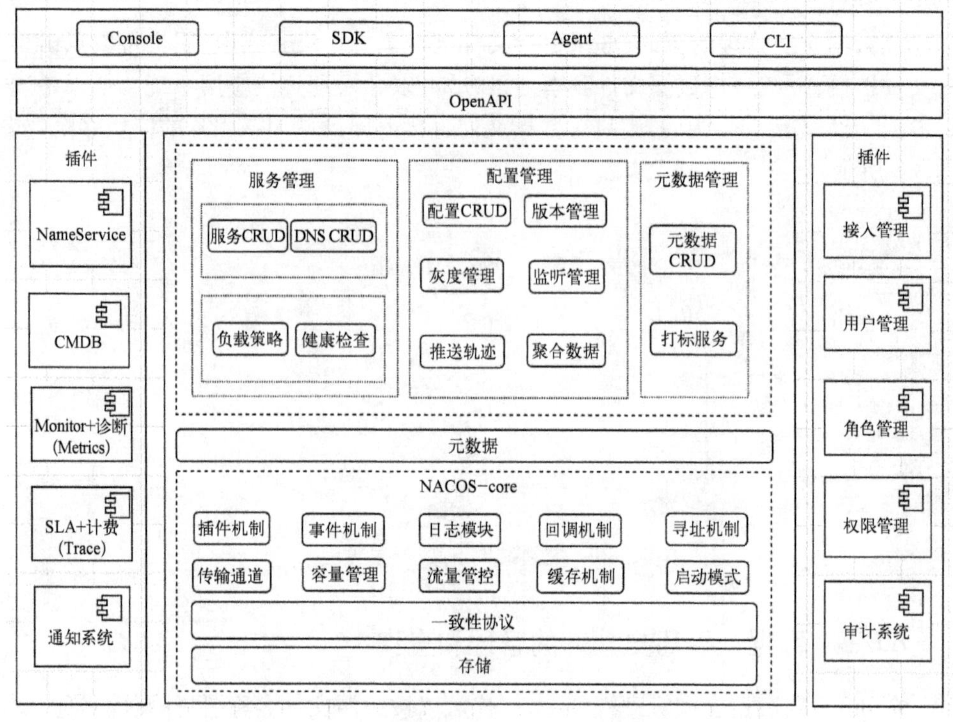

图 8.9　微服务管理工具 NACOS 逻辑架构

聚合数据等功能。

（3）元数据管理：提供元数据 CURD 和打标能力。

（4）插件机制：实现三个模块可分可合能力，实现扩展点 SPI 机制。

（5）事件机制：实现异步化事件通知，sdk 数据变化异步通知等逻辑。

（6）日志模块：管理日志分类、日志级别、日志可移植性（尤其避免冲突）、日志格式、异常码+帮助文档。

（7）回调机制：sdk 通知数据，通过统一的模式回调用户处理。接口和数据结构需要具备可扩展性。

（8）寻址模式：解决 ip、域名、Nameserver、广播等多种寻址、模式，需要可扩展。

（9）推送通道：解决 server 与存储、server 间、server 与 sdk 间推送性能问题。

（10）容量管理：管理每个租户，分组下的容量，防止存储被写爆，影响服务可用性。

（11）流量管理：按照租户，分组等多个维度对请求频率、长链接个数、报文大小、请求流控进行控制。

（12）缓存机制：容灾目录、本地缓存、server 缓存机制。容灾目录使用需要工具。

（13）启动模式：按照单机模式、配置模式、服务模式、dns 模式或者 all 模式，启动不同的程序+UI。

（14）一致性协议：解决不同数据，不同一致性要求情况下，不同一致性机制。

（15）存储模块：解决数据持久化、非持久化存储，解决数据分片问题。

（16）Nameserver：解决 namespace 到 clusterid 的路由问题，解决用户环境与 NACOS 物理环境映射问题。

（17）CMDB：解决元数据存储、与三方 cmdb 系统对接问题、解决应用、人、资源关系。

（18）Metrics：暴露标准 metrics 数据，方便与三方监控系统打通。

（19）Trace：暴露标准 trace，方便与 SLA 系统打通、日志白平化、推送轨迹等能力，并且可以和计量计费系统打通。

（20）接入管理：相当于阿里云开通服务，分配身份、容量、权限过程。

（21）用户管理：解决用户管理、登录、sso 等问题。

（22）权限管理：解决身份识别、访问控制、角色管理等问题。

（23）审计系统：扩展接口，方便与不同公司审计系统打通。

（24）通知系统：核心数据变更或者操作，方便通过 SMS 系统打通，通知到对应人数据变更。

（25）OpenAPI：暴露标准 Rest 风格 HTTP 接口，简单易用，方便多语言集成。

（26）Console：易用控制台，做服务管理、配置管理等操作。

（27）SDK：多语言 sdk。

（28）Agent：dns－f 类似模式或者与 mesh 等方案集成。

（29）CLI：命令行对产品进行轻量化管理。

开发者或者运维人员往往需要在服务注册后，通过友好的界面来查看服务的注册情况，包括当前系统注册的所有服务和每个服务的详情。并在有权限控制的情况下，进行服务的一些配置的编辑操作。NACOS 在这个版本开放的控制台的服务发现部分，主要就是提供用户一个基本的运维页面，能够查看、编辑当前注册的服务。控制台界面的整体布局是左侧为功能菜单，包括配置管理、服务管理和集群管理，页面中央实现当前所在功能展示，右上角主要展示首页、文档、博客、社区四个栏目。NACOS 控制台界面详见图 8.10。

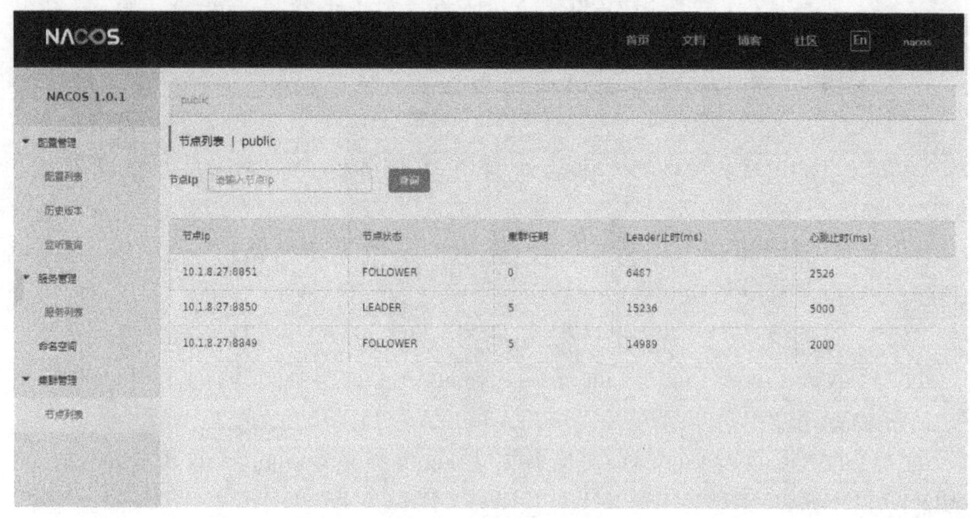

图 8.10　NACOS 控制台界面

参考文献

[1] 李青,冯丹,梅正朋.飞机使用寿命周期构型管理和追溯[J].计算机集成制造系统,2016,22(2):476-481.

[2] 孟飙,刘志存,闫婧.项目管理中飞机构型管理模型构建及其应用[J].沈阳航空航天大学学报,2016,33(6):83-89.

[3] 冯青霞,杨栓宝.民用飞机构型管理过程与SAE ARP 4754A的符合性技术研究[J].航空科学与技术,2017,28(9):1-4.

[4] 汤小平.构型管理工作研究[J].民用飞机设计与研究,2012(2):49-52.

[5] 胡谍.基于SSPD的在役飞机构型数据管理研究[D].天津:中国民航大学,2018.

[6] 徐敏,王鸿鑫,张建波,等.民用飞机构型管理及更改控制研究[J].项目管理技术,2016,14(2):99-103.

[7] 王梓霖,俞洋.民用飞机客服工程构型管理方法研究[J].航空维修与工程,2018,319(1):65-68.

[8] 卢艺,郝莲,李承立,等.基于构型项目分类的民机系统适航符合性证据体系结构研究[J].民用飞机设计与研究,2017(3):26-30.

[9] YEH S C, YOU C F. STEP-based data schema for implementing product data management system[J]. International Journal of Computer Integrated Manufacturing, 2002, 15(1): 1-17.

[10] 徐俊杰.基于XML的数据交换模型研究[D].哈尔滨:哈尔滨工程大学,2006.

[11] 章翔峰.支持产品全生命周期的产品数据框架研究[J].中国机械工程,2002,15(9):803-805.

[12] 姬升启.面向产品全生命周期的成本估算与决策支持研究[D].天津:天津大学,2007.

[13] KIM H H, CHOI J Y, WANG J N. PLCS-based architecture and operation method for interoperability in sba integrated collaborative environment[J]. Journal of the Society of Korea Industrial and Systems Engineering, 2010, 33(3): 87-92.

[14] 朱子延.ASD 规范和数字化客户服务产品定义[J].民用飞机设计与研究, 2011(1): 67-71.

[15] ASD/AIA. S5000F. International specification for In-Service data feedback[S]. Europe, 2016.

[16] 冯蕴雯,路成,薛小锋,等.S5000F 介绍及在民用飞机运行可靠性分析反馈中的应用[J].航空工程进展,2020,11(2): 147-158.

[17] ASD/AIA/ATA. S1000D. International specification for technical publications using a common source database[S]. Europe, 2016.

[18] ASD/AIA. S2000M. International specification for material management [S]. Europe, 2017.

[19] ASD/AIA. S3000L. International procedure specification for logistic support analysis (LSA)[S]. Europe, 2014.

[20] ASD. S4000P. International specification for developing and continuously improving preventive maintenance[S]. Europe, 2014.

[21] ASD. S6000T. International procedure specification for training/TNA [S]. Europe, 2014.

[22] 刘丹.基于 PLM 的飞机构型管理系统研究与实现[D].上海: 上海交通大学,2016.

[23] 贺璐,张乐.民用飞机构型标识方法[J].民用飞机设计与研究,2015(3): 47-51.

[24] 张超.民用飞机产品结构分解方案的研究[J].科技创新与应用,2015(27): 57-58.

[25] 汪超,谢灿军.构型基线管理在民机项目中的应用[J].科技创新导报,2012(2): 109-110.

[26] 赵国辉.飞机产品数据模块化构型管理分析[J].民营科技,2016,192(3): 55.

[27] 庚桂平.S2000M 规范介绍[J].航空标准化与质量,2013(2): 3-6.

[28] 冯蕴雯,陈俊宇,夏俊,等.S4000P 剖析及在民用飞机预防性维修中的应用[J].航空工程进展,2021,12(5): 15-26.

[29] SAE. ARP 4754A. Guidelines for development of civil aircraft and systems[S]. USA, 2010.

[30] SAE. ARP 4761. Guidelines and methods for conducting the safety assessment

process on civil airborne systems and equipment[S]. USA, 1996.

[31] ASD/AIA. SX000i. International guide for the use of the S-Series integrated logistic support (ILS) specification[S]. Europe, 2016.

[32] ASD/AIA. SX001G. Glossary for the S-Series ILS specifications [S]. Europe, 2018.

[33] ASD/AIA. SX002D. Common data model for the S-Series ILS specification[S]. Europe, 2018.

[34] ASD/AIA. SX004G. Unified modeling language(UML) model readers' guidance [S]. Europe, 2015.

[35] ASD/AIA. SX005G. S-Series ILS specifications XML schema implementation guidance[S]. Europe, 2017.

[36] 冯蕴雯,马红亮,魏严锋,等.民用飞机航材工程与管理[M].北京:科学出版社,2020.

[37] 冯蕴雯,陈俊宇,路成,等.S 系列 ILS 规范数据模型在民用飞机客户服务体系中的应用[J].西北工业大学学报,2021,39(3):1-9.

[38] 张文燕.民机运营保障主数据研究[J].科技创新导报,2017(22):152-153.

[39] 陈建鹰.构型管理与 PDM 系统及 EBOM 关系研究[C].北京:中国航空学会,2016.

[40] 耿建光,章翔峰,邓家禔.PDM 系统中产品结构与配置管理的开发研究[J].航空制造技术,2002(8):29-32.

[41] ASD/AIA. S1003X. S1000D to S3000L interchange specification [S]. Europe, 2009.

[42] 冯蕴雯,陈俊宇,刘佳奇,等.民用飞机航材预测与配置管理技术综述[J].航空工程进展,2020,11(4):443-453.

[43] 冯蕴雯,刘奎剑,薛小锋,等.基于 Markov 过程的冗余系统备件与冗余度联合优化[J].系统工程与电子技术,2019,41(4):921-930.

[44] 冯蕴雯,路成,薛小锋,等.基于重要度的民机备件单级初始库存优化配置[J].华南理工大学学报(自然科学版),2018,46(9):140-148.

[45] 冯蕴雯,刘雨昌,薛小锋,等.基于横向供应与维修比例的民机备件配置优化技术研究[J].西北工业大学学报,2018,36(6):1059-1067.

[46] 刘雨昌.基于民机 LRU 划分的备件库存配置优化技术研究[D].西安:西北工业大学,2020.

[47] 岳永威,夏刚,崔建锋.装备综合保障标准 S5000F 汇编与应用[M].北京:国防工业出版社,2019.

[48] 冯蕴雯,刘佳奇,薛小锋,等.飞机故障的运行后果及成本分析方法[J].航空工

程进展,2021,12(2):72－79.

[49] 尹志.全寿命周期成本方法的应用[J].云南电力技术,2011,39(6):38－41.

[50] 马丙展.基于 S1000D 规范的 IETM 生成技术研究与实现[D].北京:北京工业大学,2015.

[51] 胡梁勇,徐宗昌.ASD S1000D 技术资料数据化规范综述[J].世界标准化与质量管理,2008(7):49－52.

[52] 庚桂平.S3000L《后勤保障分析国际程序规范》介绍[J].航空标准化与质量,2013(3):49－53.

[53] 刘成,王勇,蒋庆喜,等.应用 S4000P 制订民用飞机区域检查任务方法探究[J].航空维修与工程,2016(5):59－61.

[54] 冯蕴雯,严浩,路成,等.基于 B/S 的民用飞机结构修理方案平台的设计与实现[J].航空工程进展,2021,12(6):10.

缩略词

缩略语	原　　文	中　　文
AIPC	airplane/aircraft illustrated parts catalog	飞机图解零件目录
AMM	airplane/aircraft maintenance manual	飞机维修手册
ARC	analyze relevant candidates	分析相关候选项
ASD	Aerospace and Defenceindustries Association of Europe	欧洲航空航天和国防工业协会
CDM	common data model	公共数据模型
CSDB	common source data base	公共源数据库
DEX	data exchange specifications	数据交换规范
DM	date model	数据模块
DMC	data module code	数据模块代码
DMRL	data module requirement list	数据模块需求清单
ERC	engineering record cards	工程记录卡
FCA	functional configuration audit	功能构型审核
F&I	facilities and infrastructure	设备和基础设施
GSE	ground support equipment	地面支援设备
IETP	interactive electronic technical publications	交互式电子技术出版物
ILS	integrated logistic support	综合后勤保障
IP	initial supply	初始供应
IPC	illustrated parts catalo	图形零件目录数据

缩略语	原文	中文
IPD	illustrated parts data	图解零件数据
IPL	initial parts lists	初始供应清单数据
ISD	instructional system design	教学系统设计
ISMO	In-Service maintenance optimization	服役期间维修优化
LCC	life cycle costs	优化生命周期成本
LORA	level of repair analysis	维修级别分析
LSA	logistics support analysis	后勤支援分析
MSN	manufacturing serial number	制造序列号
MOU	memorandum of understanding	合作备忘录
MPD	maintenance planing document	维修计划文件
MTA	maintenance task analysis	维护任务分析
MTL	main task list	主任务清单
SDAI	standard data access interface	标准数据存取接口
STEP	standard for the exchange of product model data	产品模型数据交换规范
PBL	performance based logistics	基于效能的物流
PCA	physical configuration audit	物理构型审核
PLCS	product life cycle support	产品生命周期支持
PMA	preventive maintenance analysis	预防性维修分析
PMTR	preventive maintenance task requirements with repetitive scheduled	预防性维修要求
PMTRE	preventive maintenance task requirements being applicable after special events without scheduled intervals	非预定间隔的特殊事件的预防性维修任务要求
PMTRI	preventive maintenance task requirements with repetitive scheduled intervals	重复预定间隔的预防性维修任务要求
RSPL	recommend spare part list	推荐航材集
SB	service bulletin	服务通告
SNS	standard numbering system	标准编号系统
TNA	training need analysis	培训需求分析

缩略语	原　文	中　文
UML	unified modeling language	统一建模语言
UoF	units of functionality	功能单元
XML	extensible markup language	基于可扩展标记语言